台味茶

38位跨世代的茶人哲學

×

155種台灣特色茶品

La Vie
Life Is a Design

屬於你的台茶新滋味

喝茶，不只是能解渴，也能喝出態度、喝出品質，喝出與生活的美好連結，並喝出自己想要的「新滋味」。

接過一杯親手沖的手泡茶，當茶湯潤滑入口的瞬間，那包含著人情溫暖與土地芬芳的清新口感，也自口裡散了開來。「啊，這才是真正的台灣茶！」

三十八位茶人，泡出三十八種人生哲學——有志青年脫下律師袍創立新時尚茶飲，並堅持只賣最原始的台灣茶；有機農改良耕作方式，為台灣茶找到最友善的新生機；百年茶葉家族的第六代，打造新時尚茶香記憶；用茶器新文化帶動村落新生命的陶藝家……，他們來自不同地方，卻有一致共同點：一切只為台灣茶。

透過此書，品茗由全台灣多種常見與珍稀的葉樹品種，從未發酵到全發酵、再揉製出的一百五十五種特色茶品，玩賞特色茶器，讚嘆各種融合傳統與現代的藝術作品。與茶人們分享喝茶習慣，用馬克杯、吃飯的碗、甚至咖啡的濾壺來體驗不同泡茶方式產生的奇妙變化，並在與茶人共存的茶裡空間中，享受職人精神與文化精髓的茶韻美感。

這是沿襲自傳統茶文化發展而成的新生代喝茶美學運動，你可以任選自己想要的茶飲風格，先讓心歸零，靜下心來打一場禪，然後用最輕鬆的「碗泡」方式，來沖泡以青草藥入味的茶品；也可以造訪老屋改建的個性茶房，感受慢活的閒逸；或是與茶農相約，親至有機茶園品茗第一道最原始的茶風味。

真正的台茶百味已經來臨，喝茶，不再只是那麼單調。

有別於傳統對茶的認識與喝茶方式，在專業茶人的帶領下，用新的喝茶態度，創造屬於自己的個性喝茶風格，你會發現，原來喝茶可以這麼簡單、這麼近，而且也可以更有深度地品味其中美好滋味。

“為自己泡一壺茶，
享受一場新生代喝茶美學運動。”

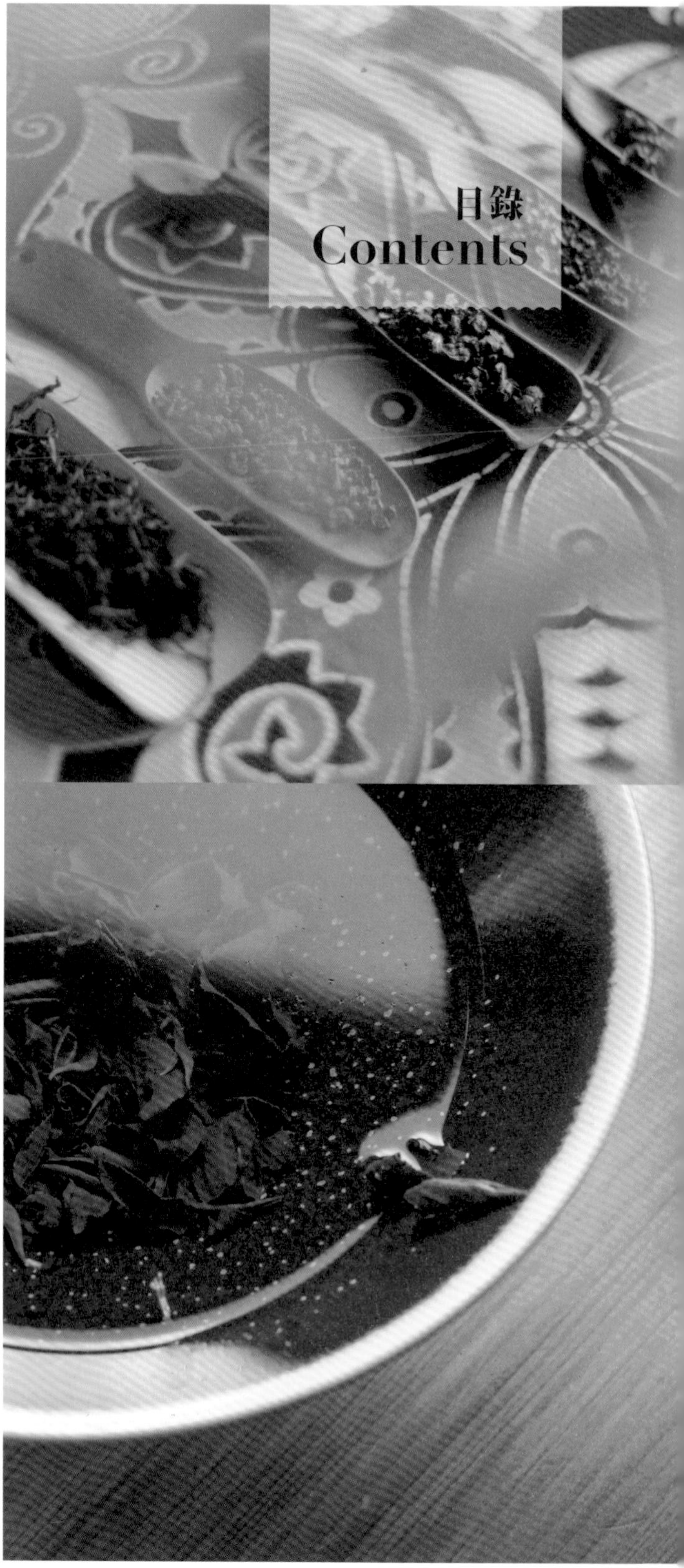

目錄 Contents

Contents 目錄

part 02

台茶小器——給自己的特調茶味 22

part 03

台茶小品155——跨世代的茶人哲學 32

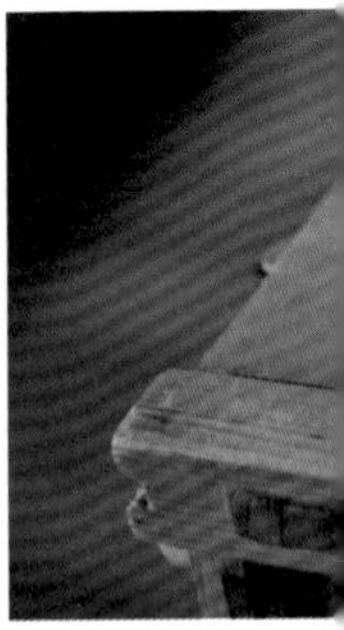

Part 1

台茶新視野

三分之一茶修行

喝茶，不只是喝味道，也是喝品味，也是喝學問。
透過茶藝、茶史、茶器三大領域大師觀點，以不同角度帶你認識茶的新視野，
讓茶，成為一種生命最美好的安頓力量。

吳德亮
茶文化 從品茗到有機

文／連欣華　攝影／張明曜　茶詩畫提供／吳德亮

about

詩人藝術家吳德亮，兼具作家、畫家、攝影家、茶藝家等多重身份。曾獲全國優秀青年詩人獎、中國時報文學獎、台灣茶協會二〇一一年傑出茶藝文化獎，日本台灣茶協會顧問、台灣陶藝學會顧問，《人間福報》、《獨家報導》、《豐年》、《鄉間小路》以及中國《海峽茶道》、《茶葉中國》等專欄作家。

很少有這樣一種人：既非茶農、也從不買賣茶葉，卻能夠普遍被媒體普遍譽為「茶葉達人」。更少人有這樣的體力與毅力，在十多年內，跑遍了兩岸與東北亞各地的茶山茶鄉，翻山越嶺找茶、拍茶、寫茶、畫茶、演講茶，帶回的茶樣品項之多、絕對超過任何一家茶行。人稱「阿亮大師」的吳德亮，強調自己寫的不是茶葉工具書，而是要「讓人感動」的茶藝文學。

找茶二十多年的吳德亮，以茶為好，從古今中外的文人墨客到茶農販子，無一不熟悉，無論茶的品種、製程、行銷或是與茶藝有關的茶技、茶書、茶器等，他皆能站在最客觀的至高點，挖掘出台灣茶文化在各面向的發展與對接點。

因廢團茶而起的飲茶革命

吳德亮談茶，先民從最早把茶「生採藥用」或「熟煮當菜」，以晴天晒乾、雨天醃漬等無採製的「吃茶」方式。到唐代中葉蒸熟並緊壓成團的「團餅茶」，使用時搗碎、磨粉、沖水、拌勻後品飲的「烹茶」法，至宋代改為茶末置入茶盞，以沸水注入加以擊拂，產生泡沫後再飲用的「點茶」法。直到明太祖朱元璋廢「團茶」成為唯一「貢茶」，散茶成為主流，不再如唐宋將茶葉碾成粉末，而直接抓一撮茶葉入壺，並以開水沏泡飲用，稱為「瀹茶法」又稱「撮泡法」。不僅簡單方便，且保留了茶葉的清香味，從此廣為講究品茶情趣的文人雅士喜愛，開創飲茶史上的一大革命。而最典型的撮泡法就是盛行於中國福建、廣東沿海一帶，並流傳至台灣的「工夫茶」，是烏龍茶特有的泡茶方式；卻也影響並帶動了今日細品熟茶、把壺賞玩的茶藝風潮。

談及明代的「文士茶」風範，吳德亮特有所感觸，「尤以明初社會動亂，加上宦官亂政等因素，使得許多胸懷大志的文人，不得不寄情山水以避禍，而茶藝正是抒憂排鬱的最佳方式，『茶學』也因此因運而生。當時許多有關茶的著作、書畫、茶儀式，以及品茶、賞器、吟詩賞畫與聞香等同時融入生活藝術的文人茶道，對於後代的茶藝文化影響相當深遠。」

從茶米文化到茶館文化

吳德亮解釋道，台灣目前所栽種的茶樹品種、以及製茶技術，則是在兩百多年前，由中國福建的移民所引進。台灣海島型的氣候是茶葉生長的極佳環境，加上不斷發展與改良，讓台灣茶成為世界知名的茶葉產區，所製的綠茶、包種茶、烏龍茶與紅茶，都曾大量銷售至全世界，為當時的台灣創造可觀的外匯收入。

一九七〇年至一九八〇年代，台灣茶藝館風潮興起，當時各家茶館百家爭鳴，帶動茶藝文化的最高潮，可惜約至一九九〇年中期以後，這股風潮逐漸沒落，除了春水堂、翰林茶館、古典玫瑰園、喫茶趣等大型企業，以複合式型態連鎖經營，一般傳統茶館若較無特色，就很容易失去生存空間。「所以我才會持續找茶，並以各種形式推動茶文化，希望能以深度的人文思考、廣度的文學意境或是飽滿的影像魅力，為可能出現的斷層帶起承先起後的作用。」吳德亮說。

有機茶與保健茶品興起

一九八〇年至一九九〇年，先進國家為維護生態平衡，而發展出「有機茶」的生產模式，其主要要求在生產過程中，不採用基因工程、不使用化學農藥，並要遵循自然與生態學規律。隨著養生與環保意識抬頭，不論茶家或消費者，對有機茶及茶葉無污染的要求，也更為慎重。

吳德亮曾在《台灣的茶園與茶館》一書中提及，為茶人所知的「佳葉龍茶」（中國稱「白金龍茶」），其源自在日本早已成為商品化保健飲料的「加碼茶」，經過茶改場研發改進，以重發酵、重攪拌的方式，去除原本日本綠茶因不經靜置就直接炒菁的魚腥味，使得「加碼茶」的香氣更青出於藍，也因獲得日本對台灣製茶技術的肯定。

近幾年來，有機、小農、在地關懷的意識不斷提高，吸引越來越多年輕人對原生土地的關切，他們捲起袖子，走入茶園，與前輩們一同守護本土的台灣茶，共同發酵內最甘甜醇美的台茶風味。

吳德亮以「詩人的心、畫家的眼、作家的筆」推展茶文化及創作，不論是畫作、詩作或攝影作品，都帶著那樣動人而細膩的情感。他認為，茶最能代表多元豐富的台灣文化，也是台灣最重要的飲品作物，「泡茶這件事，本來就是三十分是茶，七十分是文化。茶，本來就是由文學來帶動情感。自古以來，喝茶文化可以保存那麼久，絕對不只是舌尖味蕾的驚艷，還要用心品味、靠感動來傳遞。」

\ vision /

「使品茶成為一種契合天地、回歸自然的活動。」

a 吳德亮愛找茶，他希望為「台灣茶」的永續發展，善盡一份心力。
b 續唐寅事茗圖（茶票紙水彩／46.5×46.5／2014 年／吳德亮詩書茶畫作品）
c 等你來奉茶（茶票紙水彩／46.5×46.5／2007 年／吳德亮詩書茶畫作品）

李曙韻
茶品牌，跨界整合再進化

文／紀瑪瑄　攝影／PJ

about

為國內知名茶人，「人澹如菊茶書院」創立人，第十屆台北文化獎得主。李曙韻是茶界美學的代表，融和了茶藝之趣、茶儀之美，並與花藝結合帶領大家進入茶美學之空間。

跨界起步　樂見台灣茶人風範

這些年來一直待在北京從事茶文化的推動，已在台灣以「人澹如菊茶書院」建立起品牌信任度的知名事茶人李曙韻，對於台灣茶在跨界經營的思考度與運作上，有著廣度的見解。「推廣的價值不只有在茶葉或技術的本身，最重要的應是茶人本身的文化價值。」李曙韻認為，在台灣經濟起飛的那段期間，讓台灣茶的發展能擁有足夠的文化沉澱力量，無論在試茶論茶，台灣茶人的文化觸角，都已經有一定的深度，這就是台灣人的優勢。

但放眼未來，台灣的茶文化還是非得走出去，而且別無選擇。待在北京的三、五年間，李曙韻深刻體會到北方和南方思考上的截然不同，像是台灣人所執著的香氣、用小茶壺小茶杯乘裝的茶品，對於天氣寒冷、氣候乾燥的北京人簡直是種折騰，北京人隨時需要喝上大量的、深色的、濃郁的茶品，並非喝茶層次無法提升，而是種種條件的差異，也讓李曙韻思索不該用南方的角度，去衡量北方的茶文化，這是有失公允的，「以烏龍茶為例，僅占全世界茶銷量的百分之四，所以想用一杯烏龍茶的語言去說服全世界的茶人，這是不可能的。」

長期於兩岸經營，李曙韻看待台灣茶市場進口或外銷的景況，有不同看法。「台灣茶既然已經有一定的品質，就不用害怕接受挑戰，與其想著自己的技術會被抄襲或被超前，不如實際思考如何加深品牌的文化深植力，因為這些文化蘊涵，才是不容易被搶走的東西。」李曙韻舉以有些茶香世家，他們得以傳承到第二代、甚至第六代，就是靠他們歷代以茶為修身，並長期建立維護的品牌精神，才能不斷讓下一代、下下代的孩子，能跟著時代的腳步，重新塑形進化自家茶業，但基本的底蘊風華，還是留著的。

跨界整合　重新詮釋台灣茶藝術

李曙韻深信茶界可以有創新發展，在先前嘗試一系列的劇場茶會後，在二〇〇四年李曙韻接受探索頻道（Discovery）拍攝邀約，打造第一個跨界整合的藝術茶文化團體，完全就是一場無心插柳的因緣，要讓全世界看到茶的可能性是如此大，連李曙韻自己都不知道極限在哪，多年來只是一直努力的探尋著它的寬度和高度。

而茶可以超越任何一種國際語言。曾經有位模里西斯五星級飯店的總裁找上李曙韻規劃茶空間，兩人相談甚歡，這也讓李曙韻意識到，愛茶人比比皆是，所有人都因為接觸茶而相識。

用心啟動　台灣茶的品牌文化鏈

李曙韻認為，未來兩岸的茶文化產業鏈必須落實在傳承的基礎，因此從二〇一三年開始，她決定借鏡日本「千家十職」*的傳承概念，策劃實體空間，並大膽命名為「茶家十職」，她希望讓「茶家十職」在未來成為一個品牌化的事業，至於能夠傳承幾代，則完全取決於整個社會。

以北京為起點，李曙韻希望藉由「茶家十職」能開啟兩岸愛茶人的橋樑。「現在很多中國的會所都找上我們，告訴我們他要轉型，要用茶文化去包裝，而他們也對台灣茶文化的保存，充滿敬意。」從台北走到北京，李曙韻相信，將來台灣茶的落腳處會有更多地方，因為台灣茶的文化寬度，永遠都是那麼不可限量。

（註）「千家十職」是日本自清代開始發展的茶文化產業鏈，其中包含茶碗師、釜師、塗師、指物師、金物師、袋師、表具師、一閑張細工師、竹細工、柄杓師和土風、燒物師等。

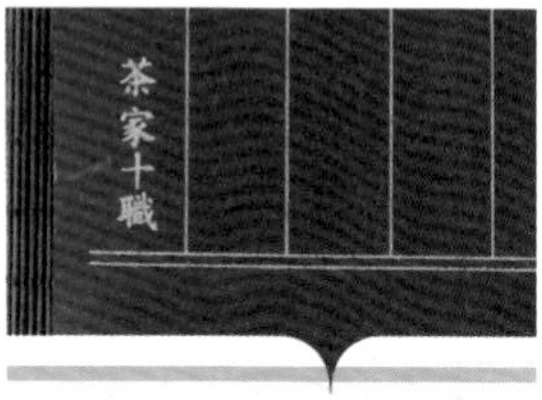

\ vision /

「茶之所以這麼容易被接受，正是因為它的門檻很低，可是境界卻很高。」

a

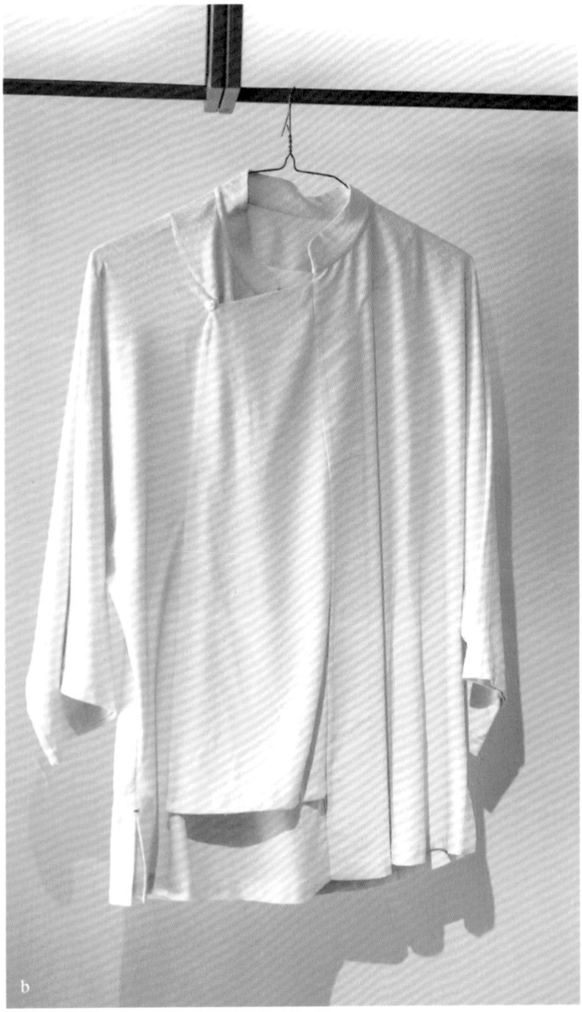

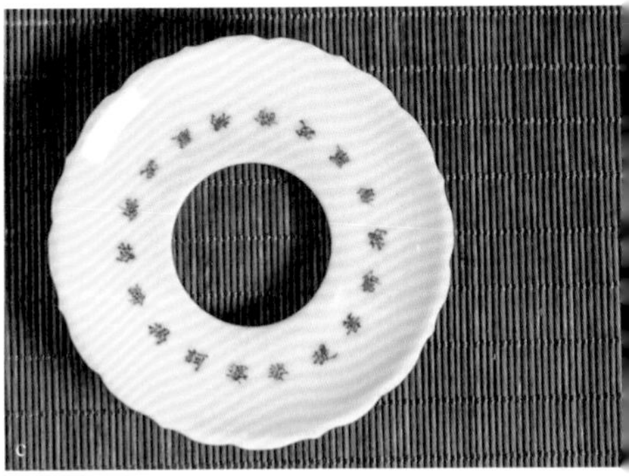

a.c. 杯身寫有心經的雅緻蓋杯。

b.d. 茶家十職空間目前以北京為主要依據地。

敦睦窯邵淑芬
用好壺
招喚茶的真味

文／郭慧　攝影／張藝霖　場地／拾歲小玩

about

畢業於國立藝專國樂科、東吳大學中文系，並為南華大學美學與藝術管理研究所碩士，更曾擔任國樂老師和兩廳院音樂類評議委員。習樂之餘也酖愛品茗，習茶多年的她，更和丈夫林敦睦共同創立茶器品牌敦睦窯。目前則在拾歲小玩茶空間教授茶藝並展售敦睦窯作品。

近年飲茶風潮重回常民生活，許多人享受茶滋味之餘，也開始尋找適合的茶器。無論時髦雅痞的茶屋或優雅恬靜的茶館，常會探見敦睦窯茶具的一席身影。伴著敦睦窯作品的簡約清雅，無論是碧綠、金黃、琥珀色的美麗茶湯，彷彿都更增一股悠然韻味。

由林敦睦、邵淑芬夫妻創立的敦睦窯，可說是鎔鑄兩人興趣於一壺：修習美術的林敦睦早年從事古董買賣，二〇〇〇年時卻因經濟蕭條、買家銳減，不得已結束古董生意。決心轉換跑道的他，眼見景德鎮瓷器產業鏈發展成熟，便決定憑過去練就的雕塑手藝製作瓷器。當時習茶多年的邵淑芬和茶道老師聊到此事，老師偶然一句：「既然先生做瓷器，為什麼不做一些我們用的茶具呢？」更讓兩人決心創立茶瓷品牌敦睦窯。「當時台灣比較缺乏好看茶具，我先生就憑他的美感和雕刻技術負責設計，再由我和喝茶的朋友試用，看看合不合手，發現不好的地方再修改。」邵淑芬回憶。

從訓練畫工開始，奠定美學風格

在不斷嘗試、反覆修改下，敦睦窯的作品不僅茶人使用順手，也逐漸發展出浮雕玉瓷和釉中彩的技術。浮雕玉瓷由林敦睦在堅硬石膏模上雕刻圖樣再覆以瓷土，讓素淨白瓷上浮出雅致花紋。「品質好的石膏很硬、很難雕刻，而雕刻刀又有尖角、平角、斜角等分別，要怎麼運用也只有我先生知道，我完全不懂。所以他過世後，浮雕玉瓷的技術也就失傳了。」氣質溫潤如玉的邵淑芬，說起話來總微微帶笑，憶起先生時卻流露出濃濃的不捨與思念。

浮雕玉瓷已成絕響，釉中彩系列則在邵淑芬的經營下持續發展。邵淑芬解釋，會使用釉中彩技術，主要是為了避免顏料影響茶湯，才特意將圖樣畫在釉與釉之間。然而，釉中彩需經過三次高溫燒製，只要其中一次燒壞便淪為瑕疵品，條件極為嚴苛，需要好師傅悉心照料和一點運氣，才能在開窯時看到美麗成品。

除了浮雕玉瓷和釉中彩兩門工藝之外，淡雅畫風也是敦睦窯的正字標記。「景德鎮以畫工見長，但是那裡的畫工總會畫得太滿。而我覺得茶器給人的感覺應該是安靜沉定的，所以我們就用白瓷畫花，只畫一枝、一朵、一束，讓它看起來清雅一點。」邵淑芬說道，「過去我先生會到景德鎮訓練畫工，剛開始他們總忍不住越畫越多，只好請他們把多畫的都拿掉；現在製作地點搬到德化，我仍是每兩個月過去一趟，確保品質穩定。」

茶好喝，才是器具的目的

除了獨有的美學風格之外，敦睦窯作品另一個為人樂道的特色則是讓茶湯「好喝」。邵淑芬介紹，經過上釉處理的瓷器密封性高，往往能呈現茶湯的原汁原味，也因此最適合用於品鑑茶湯。而密封性高、不易吸味的特點也讓瓷壺特別適合泡包種茶、東方美人、紅茶等香氣高昂的茶款。

然而，瓷器雖是表現茶湯真味的最佳選擇，卻並非所有茶瓷都能呈現天然滋味。事實上，許多人會在瓷土中添加化學原料，避免茶瓷在高溫燒熟的過程中變形。然而，這種作法雖然能夠穩定瓷土、增加成功率，卻也容易影響茶湯滋味。除了瓷土，釉彩也是另一個變因。如果想上有色釉彩又不想用價格高昂的礦物釉，便只能塗上化學釉。然而，塗上化學釉的茶器，往往讓茶湯透著怪味。面對這種兩難，敦睦窯則寧可承擔高失敗率的風險，也要堅持以天然瓷土製作，並在價格與品質的衡量下，選擇擦上單純的透明釉。「畢竟『茶好喝』才是我們的目的。所以我們還是以最單純的傳統工藝製作，而不是用化學原料穩定瓷土，也不會讓它看起來過白或如玻璃般清透。」帶著茶人的堅持，邵淑芬說道，「我們要做的，是好看、好用又好喝的茶器。」

用味蕾選一只適合的好壺

讓茶人以可負擔的價格購買品質精良的茶器，是敦睦窯一貫的堅持。而在茶器與茶款的搭配上，邵淑芬則就長年品茶經驗分享：香氣清昂的茶款，適合用不易吸附氣味的瓷壺；而重烘焙的茶葉，則適合以陶壺、紫砂泡製，讓陶土裡的氣孔吸附火味（如烤餅乾般的氣味，容易使人口乾舌燥）、溫潤茶湯。然而，這個搭配原則也會因茶種年份等因素而有所變化。「如果茶已經放了很多年，火味消散，或許便可以用茶瓷泡茶享受香氣；但是新焙的茶就不適合。」邵淑芬表示，「其實什麼茶種適合什麼茶具，只有泡茶的人喝到嘴裡才算數，別人講的經驗只能當參考。」而針對剛入門的新手，她則建議從小型的單人壺或雙人壺開始。「初學者需要常常練習，茶壺越大，茶葉用量也越多，很浪費，不如先用小茶壺練習泡茶流程、掌握泡茶節奏。一開始先專注於一種茶，泡了很多回之後，就會慢慢掌握茶湯滋味，知道要用多少茶葉、多少水、泡多久才合適。」

帶著習茶多年的心得，邵淑芬解釋選壺細節時總細緻到位（詳見第二章的「茶具解密」一文）；相信在她詳盡的講解之下，茶人都可以挑出一只適合自己的好壺，為茶席增添清雅的一角，也讓茶湯浸出悠揚甘美的好韻味。

a

b

\ vision /

「讓『茶好喝』才是我們製作茶器的最重要目的！」

a.b. 拾歲小玩茶空間不定期有初階至進階之茶藝、茶文化課程，並展示販售敦睦窯之作品。

Part 2

台茶小器

給自己的特調茶味

愛上台灣茶後，也會相對愛上台灣的茶器。達人引路教你選壺要點，茶人們私心工藝、金工創作、原木手製茶罐、柴燒黑陶茶具等，讓喝茶看起來賞心悅目，喝起來更加幸福。還有工夫泡、碗泡、懶人泡、品鑑用等沖泡方法，可依合宜的情境，選出最適合的沖泡方式。

達人引路

茶具解密：好杯壺的組成，從細節說起

人要衣裝，杯壺則是茶的衣裳。剪裁良好的衣裝不僅單看精美，更能凸顯主人的氣質與神采；美好的茶道具也是如此，不僅線條細膩、用色合度，更讓茶湯圓潤、香氣清揚。讓我們跟著敦睦窯創辦人邵淑芬的說明，從杯壺的設計開始，感受風格茶具的器用之美。

1 把手位置

挑壺時建議試拿，感受重心是否穩固。此外，茶壺把手位置最好可以讓持壺者的食指扣住壺蓋。

2. 壺蓋密合

有人會以「三山齊」為標準挑選紫砂壺，也就是拿掉壺蓋時，壺把、壺口、壺嘴應在同一條水平線上，以示壺蓋密合。然而，不同材質、器型設計也會影響「三山齊」程度，此標準當作參考即可。

3. 壺嘴角度

如果想注水時避免「流口水」(斷水不乾淨)，可以挑選較易斷水的壺嘴彎弧款式。有些茶壺出於美感考量設計直筒壺嘴，茶人使用時動作須更快速俐落。

4. 出水口

蜂巢式茶壺以多個細孔避免茶葉堵塞出水口，但是注水力道相對較弱、出水也慢；相反地，單口型出水快速、力道強，但是較容易被茶葉擋住壺口。茶人買壺時，可依個人需求選擇。

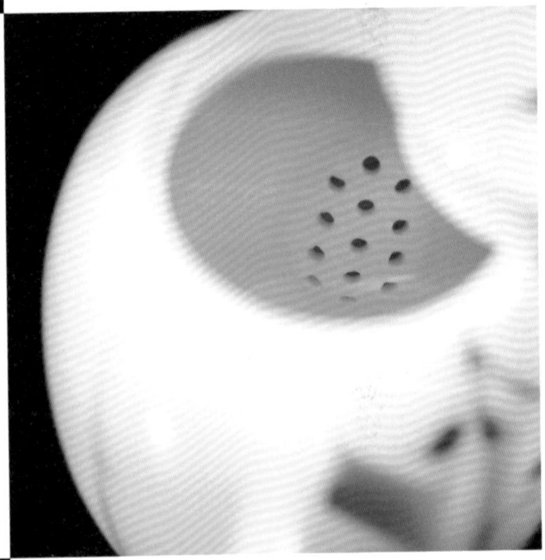

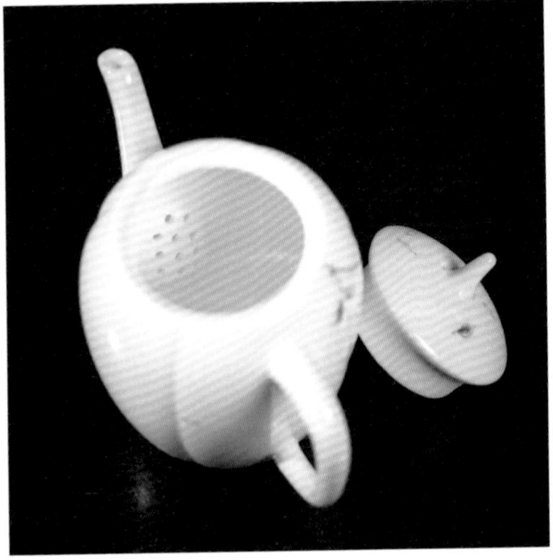

5. 牆高

壺牆（壺蓋內高壁）夠高注水時才不容易「落帽」（壺蓋脱落）；此外，牆高也能避免水從壺緣泌出。

6. 透氣孔

透氣孔的功用主要是讓空氣對流以利注水，因此挑選茶壺時必須確認透氣孔沒有被釉塞住。有人也會以「按住透氣孔，檢驗是否能停止出水」來判斷茶壺的密封性。

7. 內壁均勻

如果壺內壁凹凸不平，倒茶時容易出水不穩、「打麻花」。選壺時，可嘗試注水確認品質。

各種沖泡法

喝茶這件事，如果講究藝術，就必須提升到更高層次，才能喝得細膩又深入。但在一般生活中，喝茶也可以不拘小節而更生活化。以下介紹各種沖泡台灣茶的方法，搭配不同的心情，選擇自己喜歡的茶器與方式，為自己泡一壺好茶！

工夫泡

工夫泡

在做泡茶練習，或是想要好好品一杯茶之時，可依句茶葉挑選適合的壺給合適的茶葉。通常工夫茶以陶壺、紫砂為主，這兩種材質泡出的湯色及味道，都能讓茶葉更好地發揮跟表現。好好地泡一壺茶，除了沉澱並且訓練自己心性外，更是對於辛苦的茶農一種極高的尊重。

碗泡

添加四克茶葉至一般家用瓷碗中，注入熱水八分滿，等待五分鐘即可。碗泡時，可以瓷湯匙舀至茶杯與人分享，亦可用湯匙抵住茶葉直接就碗飲用。

品鑑用

通常是試茶時，會使用國際標準評鑑組來泡茶，都是白瓷製作的茶具，不論是看茶色、茶湯清濁還有氣味，都最公正，不會因為壺的材質而被加分或是扣分。

懶人泡

太過忙碌，可直接用馬克杯泡茶。作法很簡單，直接將茶葉鋪滿杯底，加入熱水就好。通常台灣的烏龍茶乾吸水後會沉到杯底，所以飲用上也不太會喝到葉子，而水溫可調低一些使其耐浸。或者也可直接冷泡茶，方便又健康。

品鑑用

碗泡

懶人泡

抓住訣竅　簡單泡好茶

泡茶，一點都不難，「茗心坊」茶主林貴松特別研發一套泡茶法，不必根據茶種不同，背誦一大堆如沖泡溫度、置茶量等口訣。

這種泡茶方式很好記，首先沖泡溫度一律一百度C，再來是置茶量，不管哪一款茶，放進茶壺中的量，全部採用鋪平法。平常少喝茶的人，沖泡的茶葉量，不管使用大壺、小壺，都以在壺底鋪平一層為準；常喝茶的人，則可於壺底鋪平之後，再多放幾顆或到兩層，這樣沖泡出來的茶，不管少喝茶或嗜茶者，喝起來皆濃淡相宜，而且舒服順口。若是在外試茶，最好要求老闆使用壺泡，置茶量至少兩到三層，浸泡一分鐘以上，以此泡出的茶湯，若一樣不苦不澀、清香甘醇，才是真正的好茶。

1 阿原冰晶裂釉茶壺杯組

設計者：江榮原｜推薦店家：淡水天光 p80

阿原冰晶裂釉茶壺學取古代民家所使用之茶具形體，簡潔樸實，呈現無為之東方美感。阿原冰晶裂釉茶杯則傳承鄉下人的厚道，胚體渾圓紮實，手感沈穩篤定。

2 志野茶碗

設計者：陳九駱｜推薦店家：圓滿自在 p170

以大自然構成的五行元素木、火、土、金、水，釉料為金，坯為土水，燃燒以木，融製以火，化約為杯碗茶器，所創作的志野茶碗，以高比例的長石釉厚敷於坯體上，燒製後白潤如重霜，若添加鐵原料，則血豔如泣。

3 陶跡瓷韻青瓷壺

設計者：林振龍｜推薦店家：嶢陽茶行 p180

以撕土的手法呈現岩石般的自然紋理，隱喻為大地：平面的青釉象徵湖水。以陶土與釉色為素材，傳達對大地的情感，文化內涵的融入，創造了高度視覺美感享受。

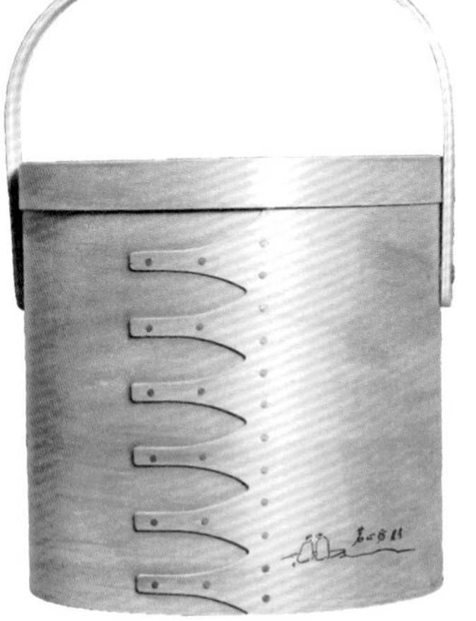

4 原木片手工茶葉罐

設計者：林貴松｜推薦店家：茗心坊 p154

無味的原木片圓形容器，外形圓融加些楔型造型在接合處並以銅鉚釘為裝飾。簡單的工藝以「輕巧、乾淨、方便」為最大特色。它不僅利於陳放（可以疊高）收藏，也可以防塵及調節茶葉的濕度，多年後，它更可以與茶共生那陳年的歲月，古樸中會流露出歷史與文化的交融，交幟出那光陰流給人們的珍貴收藏。

5 青瓷絞胎茶倉

設計者：黃玉英｜推薦店家：嶢陽茶行 p180

鋁箔紙包覆燻燒技法的表現，是黃玉英老師最主要的創作主題，也是她作品中最具特色的系列作品。在成形過程中隨著手捏走向自然賦形所以每件作品的形態自由而活潑，具有舞者起舞的動感姿態。由於在造形中，常融入自己喜好的魚類、章魚、貝類、海膽、海星、珊瑚等海洋生物元素，這些元素在擬人的造型上增加了更多的變化空間，使得瓶體造形姿態豐富多樣。

6 茶人雪銀壺

設計者：任政林｜推薦店家：茶家十職 p14

自古以來金和銀的材質向來有利於口感，銀壺因聚熱性高，容易使水沸騰，2013 年香格里拉的一場茶會，讓原本從事廣告設計工作、此生從未受過專業金工訓練的任政林能量獲得啟動，開始就地打造銀壺，也是目前在中國相當受到矚目的創作。

⑦ 美人肩正把壺

設計者：章格銘｜推薦店家：嶢陽茶行 p180

擅長燒製青瓷作品中加人龍柏木、金屬等複合媒材與窯燒時氧化鐵形成的黑點均為其特色。章格銘喜歡利用原材質天然的特性與造型紋理為作品添加一些趣味性，並在幾何、機械性與無裝飾的框架下丟一點有機的線條進去。

⑧ 絢一茶舟

設計者：陳芝穎｜推薦店家：琅茶 p186

「茶舟」按照沖泡方式的不同，也稱作「茶盤」、「壺承」，能承接溫潤泡，或是茶壺多餘的水分。金工創作者陳芝穎，在緩慢的鋸銼焊與敲打成型的過程中，將冰冷的金屬注入溫柔的氣味，使每件作品飽含動人的質地。此茶舟小巧可愛，面面呈現紅銅特有的絢爛色澤，既嶄新而涵古的面貌。其高度如小桌台，可收納、攜帶壺器，機動性高，室內外皆宜。

⑨ 迷工聞香杯（左）、品杯（右）

設計者：章格銘｜推薦店家：七三茶堂 p58

高山烏龍茶的香氣如此迷人芬芳，因此，台灣的愛茶人發明了舉世獨一的喝茶器具「聞香杯」，讓茶香能片刻停留於杯子內獨自嗅聞欣賞。

10 生活活石茶勺組

設計者：生活活石｜推薦店家：慢茶空間 p218

第一支為木製普洱茶針其餘為茶勺，一般較常見的普洱茶茶針多為金屬製，但生活活石均以木頭為作品的主要來源，因此別有特色。第2、3、4支為綠茶粉的茶勺，第5、6、7、8支為球狀茶菁專用，設計相當復古風，讓茶人備茶取茶都顯優雅，其中茶勺之彎曲度是依木頭原本之角度，因此完全自然呈現完美彎曲角度。

11 柴燒黑陶茶具

設計者：蔡江隆｜推薦店家：陶花源 p158

喜歡黑陶文化樸拙簡單、黝黑素雅的作品。在觀看龍眼木炭煮水過程中，領略了炭黑是生命中最自然無華的呈現，卻也是最精粹的開展。

12 茶匙

使用者：高定石｜推薦店家：定石野茶 p94

挑茶專用。

Part 3

台茶小品

跨世代茶人的日日好茶

阿里山海拔 1,200 公尺以上的甘醇淡雅的炭焙烏龍茶、以傳統技術精製的東方美人茶、陳放 20 年以上的風華老茶、混搭花香的窨製花茶、以青草藥入味的清心茶……由 31 位茶人親手沖泡的 155 杯台灣茶，讓您喝下 155 種不同的甘醇感動。

京盛宇×林昱丞。時尚茶飲新美學

採訪／連欣華　圖片提供／京盛宇

info

官網‧https://jsy-tea.com.tw/
MITSUI OUTLET PARK 台中港
地址‧台中市梧棲區台灣大道十段 168 號 1F
電話‧04-2657-1217
（其他門市請上官網查詢）

一杯偶然喝到的台灣茶，開啟了一位男孩的找茶之路，也就此結下了與台灣茶莫不可分的緣分，甚至憑著一股愛茶的傻勁，創立新茶品牌「京盛宇」，只為想把台灣茶的美好溫潤，能忠實地傳遞出去。

他是林昱丞，台大法律系畢業的他，是母親所引以為榮的兒子，當林昱丞決定不從事法律相關工作，要往台灣茶的「不歸路」前進時，母親的愛與擔憂，立即化成第一張反對票。儘管在後來達成共識，仍希望兒子至少能挑輕鬆一點的路來走，也就是賣珍珠奶茶。但林昱丞依然堅持，要賣最原始、正統的台灣茶，只因他認為，「台灣好多人對於原生在這片土地上的甘甜美好，意外地陌生。」

真正的茶沒我們想像中那麼遠

決心下了，接下來就是如何讓台灣茶能用年輕人懂的直白語言來溝通。對於傳統茶道與人之間日漸擴大的隔閡，林昱丞創品牌之初，就以「快速、便利、有質感」為創業概念基礎：先選茶葉，分毫不輕忽地用砝碼度量出最適當的茶葉數量，再用紫砂壺悶出茶葉精華，並以量杯計量，之後加入冰塊攪拌，專注精淬出客人所期待的茶飲，送給客人前，也會先試飲一口，以確認品質與味道。這樣層層的計量，是用心，也是對台灣茶的致敬。

林昱丞認為，要享一杯好茶，可用「前味、中味、後

a「快速、便利、有質感」的現泡服務，為新時代的台灣茶飲風尚。
b.c 風格溫雅，潔淨舒適的店面，讓客人能靜下心享受一杯好茶。

味」三種層次來感受茶的韻味，前味亦即在喝茶前，鼻腔感到的或冷或熱的茶香；中味則是喝茶時，口腔感受到的茶湯甘甜與滑潤度，通常越甘甜滑口，就代表茶的品質越好；後味為喝完茶後，身心靈的一切美好感受，包含殘存口中的茶香以及貫穿全身的舒暢感，「喝茶從來不用學問，只要你覺得是舒服的，那就是一杯好茶。」林昱丞說。這就是台灣茶親切可愛的地方，看似好像離我們很遠，但其實並沒有那麼遠。

點滴感念　向台灣茶致敬

目前「京盛宇」在海內外共有九間門市，最新開幕的三井台中港門市，有別以往此門市，以概念店為出發點，除了喝到一杯好茶外，還可以免費體驗泡茶、坐在樹下喝杯茶，盡情享受寧靜無價時光。而取名帶有點日式味道的「京盛宇」，每個單詞背後也各有其深意。京，是量詞，代表數量很多的意思，象徵從產種、製作到沖泡的過程中，必須有無數完美的結合，才能成就一杯好茶；盛，是茂盛、也是器皿的意思，由一個隨身瓶為起、顛覆傳統的簡單喝茶時尚，希望能有更多人領受台灣茶美麗的魅力。宇，則是指上下四方空間，期許人們能在喝茶時，感念台灣的土地與氣候，所孕育的台灣好茶。這點點滴滴確實是成就台灣茶美好的每個力量，也是林昱丞對「京盛宇」的堅持與信念。

1 不知春

採集地點 ››› 南投名間

採集時間 ››› 冬季與隔年春季間

揉製方式 ››› 團揉

品茗味道 ››› 精選產於冬茶與隔年春茶間之四季春，田野間的自然氣息，飄散出冶豔而強烈的花香，類似梔子花的濃郁香氣，是最討喜迷人之處。

2 清香杉林溪烏龍

採集地點 ››› 南投杉林溪

採集時間 ››› 春季或冬季

揉製方式 ››› 團揉

品茗味道 ››› 數萬頃的原始杉木林，造就出杉林溪茶區的獨特山頭氣。味覺層次豐富，蘭花香中帶木質香氣，在溫和高雅的香氣下，兼能品嚐剛勁醇厚的口感。

“

只有真正的好味道，才能觸動你的心。

”

3 熟香阿里山烏龍

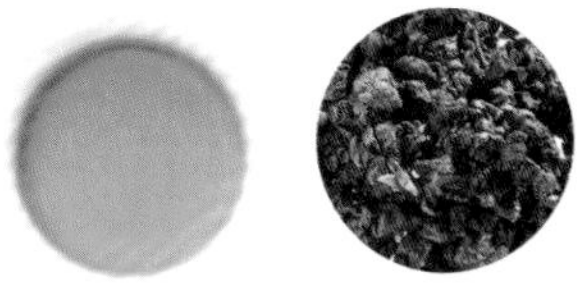

採集地點 ››› 阿里山

採集時間 ››› 春季或冬季

揉製方式 ››› 團揉、烘焙

品茗味道 ››› 高山茶的入門茶種，茶葉經深烘培後口味強烈，散發誘人的焦香，口感醇厚帶有濃郁的蜜味，隱而不顯的花香，值得在味覺中反覆品味。

4 高山小葉種紅茶

採集地點 ››› 新竹北埔

採集時間 ››› 夏季

揉製方式 ››› 揉捻、發酵

品茗味道 ››› 迷人的柑橘香，絲綢般的細緻口感，傳來陣陣的品茶驚喜。精選夏季頂級青心烏龍茶片，採以京盛宇獨家發酵法，創作出紅茶的自信之作。

5 二十年老烏龍

採集地點 ››› 新北市石碇

採集時間 ››› 二十年前的春季或冬季

揉製方式 ››› 團揉、烘焙、歲月陳化

品茗味道 ››› 陳釀 20 年的老烏龍，茶葉經多年的反覆深烘培，醞釀出和諧的味覺層次。酸中帶甜，甜中帶澀，澀中帶苦，在酒香與焦香的點綴下，更顯老茶的迷人之處。

易錕茶堂×劉垣均。

從剪枝開始，雕塑出優質好茶模樣

採訪／李麗文　圖片提供／易錕茶堂

info

電話‣0980-226-446
官網‣www.exquisitea.com
FB‣搜尋「易錕茶堂」

年輕的茶堂主人劉垣均是位漂亮美女，但談起茶資歷可不含糊，源於母親家族的製茶歷史，迄今已逾五代，足足有一百五十多年久。當初創立「易錕茶堂」，是有感於年輕一代認知真正的台灣茶機會越來越少，亦感慨鄉間長輩們走過台茶一頁風華卻少鮮有人知，且傳統製茶與風味漸漸消失，茶文化的斷層日漸擴大，因此在沒有任何銷售經驗，也沒有家中金援的情況下，劉垣均與弟弟憑著一股熱情，一切從零開始學習，開啟了易錕第五代的台茶傳承與推廣之路。

易錕在過去百年的種植即以「自然農耕、草生栽培」的模式，經營出細膩精緻的中高端茶品質，

而劉垣均在婚後更結合了先生的料理專長，運用科學邏輯的烹飪概念，以茶入菜，舉辦了上百場創新的茶食派對、茶餐會、藝術家座談會，並堅持食材、茶葉本質，推廣健康飲食概念，希望年輕人透過輕鬆的茶餐聚會，進而多接觸這個古老卻又有智慧的大地產物，也是老天爺賜予台灣的珍寶。

良好的管理　優秀的茶菁

劉垣均家中幾乎七成的親戚都從事茶葉相關工作，而自己的舅舅、遠近親們都是製茶師，每個都是擁有至少三十年以上的製茶技術。家中有一個古老的獎盃，是一九六三年的剪枝比賽，比賽所在的茶田正是他們的百

年老茶田。她提到，剪枝是顯現茶園管理的重要一環，良好的茶園管理才能有優秀強壯的茶菁。也由於擁有自己的茶田，品質管控較好，包括草生栽培的植物物種比例、生態平衡法則、修剪節氣配合與高度……等，都是好茶的重要環節。很多茶園求產量，幾乎不太休耕，但易錕的茶園很幸運的是有分散於不同段，可以輪耕，所以在一定的年限內會適度的讓茶園完全休耕，使地力療癒恢復，地氣好，生態環境也得休息，因此在如此善的循環下，茶樹不需過多的人工介入，僅需做好最根基的茶園管理，茶樹自然就能健壯。

劉垣均認為台灣的製茶技術是全球數一數二的，尤其傳統烏龍茶的製法最是複雜。對她來說，製茶就跟製作藝術品一樣，需要全神貫注、五感全開，工序繁瑣耗時，製作動輒就是好幾日，還不包含後發酵或退火，有時甚至用「年」來計算。以「桂花窨武夷」為例，除了要先將武夷茶先做好陳放一定的時間後，再等待正秋桂花綻放後再次製作，最後茶葉與花材再同窨數回，再接續陳放數年。如此程序費工耗時，但才真正能將茶葉的底層能量帶出，芬芳盡現。

劉垣均的飲茶哲學

泡茶，是最好的修身養性的練習。劉垣均表示通常不管再小的杯子，一定是一杯分三次入喉，一品香、二品味、三品韻，必須專心與緩慢到感覺時空都凝結了，想像聲音都再也聽不見了。將茶湯含在口中至唾液分泌出，再緩慢飲下，此時可飲到茶葉最底層的滋味與層次。而茶壺的挑選上，她通常以陶壺、紫砂為主，這兩種材質泡出的湯色及味道，都能讓茶有更好的發揮跟表現。

a. 除了台茶，易錕茶堂也推廣健康茶食文化，研製出健康的茶籽油、苦茶油。

1 經典烏龍 / 層次細膩豐富

採集地點 ››› 南投名間鄉埔中村

採集時間 ››› 春、冬

揉製方式 ››› 經典烏龍即為老茶饕口中的「埔中茶」，埔中茶區為台灣百年茶區之一，茶區的土壤是肥沃的紅土，常年自然草生栽培下，造就茶葉中有特出的土甜香。師傅擁有 40 年的焙茶經驗製作，做出最正統的烏龍製法，中度發酵、細膩焙火，口感渾厚，擁有熟果香及堅果香。而埔中茶亦有越陳越香的特色，非常適合陳放為老茶。

沖泡方式 ››› 以 95℃的熱水沖泡 40 秒倒出，可回沖數回。

品茗味道 ››› 茶湯呈現晶透的琥珀色，落喉後更是甘滑韻強，生津不止，有著細膩豐富的層次感。奇妙的是，在茶餐會上發現，經典烏龍和起司料理十分搭配。

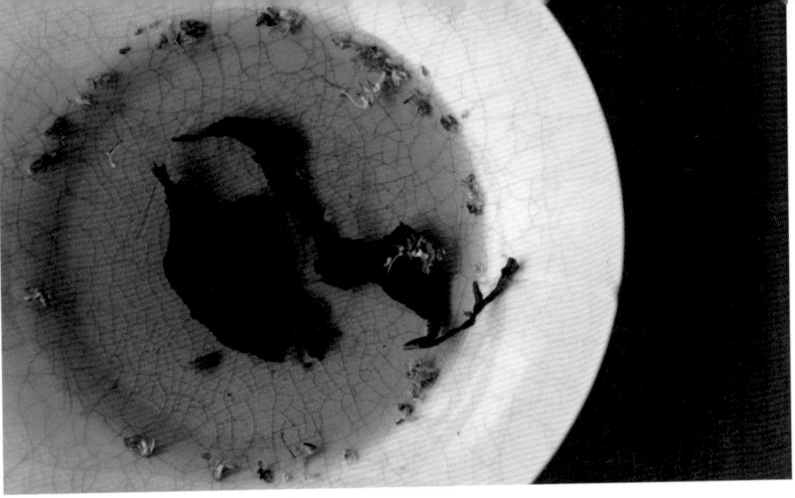

2 桂花窨武夷 / 甜郁桂花森林香

採集地點 ››› 南投名間鄉埔中村

推薦原因 ››› 此為易鋥茶堂的先祖百年前自武夷山脈帶來的茶苗，正確品種未知，但耆老們一律稱為「大葉仔」，外界又泛稱「武夷」。傳承了武夷山脈岩茶體系所強調的「岩骨花香」之特色，品種香獨特，茶質骨架雄厚，由於百年來茶種幾代扦插下來，特性保留完整，本身喝起來滋味古樸，有別於現在商業性口感，喝起來別有「穿越感」。本體再與桂花同窨形成了香氣凝久不散，花香濃郁奔放。大葉仔武夷品種本身亦有越陳放香氣越雄厚之特色。然因台灣飲茶口味越趨一致性商業化，加上武夷較難照顧，使其品種在台灣栽種面積也越來越少。

揉製方式 ››› 桂花窨武夷需先將茶葉底做好，而焙火程度需視當季茶葉狀態而定，武夷多數適合重焙。再等待正秋桂綻放時，循古法以將新鮮桂花低溫乾燥，再與茶胚，一層花、一層茶、一層花、一層茶……依序分層窨製，待其時光悠悠靜置與後發酵，再重新整理茶、花分離，再依比例混合以文火低溫烘焙乾燥，讓花香受到二次的刺激層次更為豐厚。此程序至少需七至八次，而桂花亦是易鋥茶堂自家栽種，從採摘到窨製皆不假手他人，種植上以天然豆粕、木屑或穀殼等為有機肥料。

沖泡方式 ››› 適合高溫，因其葉片較大，投茶量可少一點有利於茶葉舒展。可以95℃的水沖泡40秒倒出，其後第二泡約25秒，第三泡後可依個人喜好增加秒數。

品茗味道 ››› 其濃郁花香滋味骨架強厚，擁有著飽滿的桂花、陽光、木香、水仙花氣息，略帶淺果香味，中後段的原始花香調性和桂花再次融合，馥郁迷人到極致。茶湯金黃清澈，口感甘甜味鮮明，回甘餘韻強烈，繚繞不去。

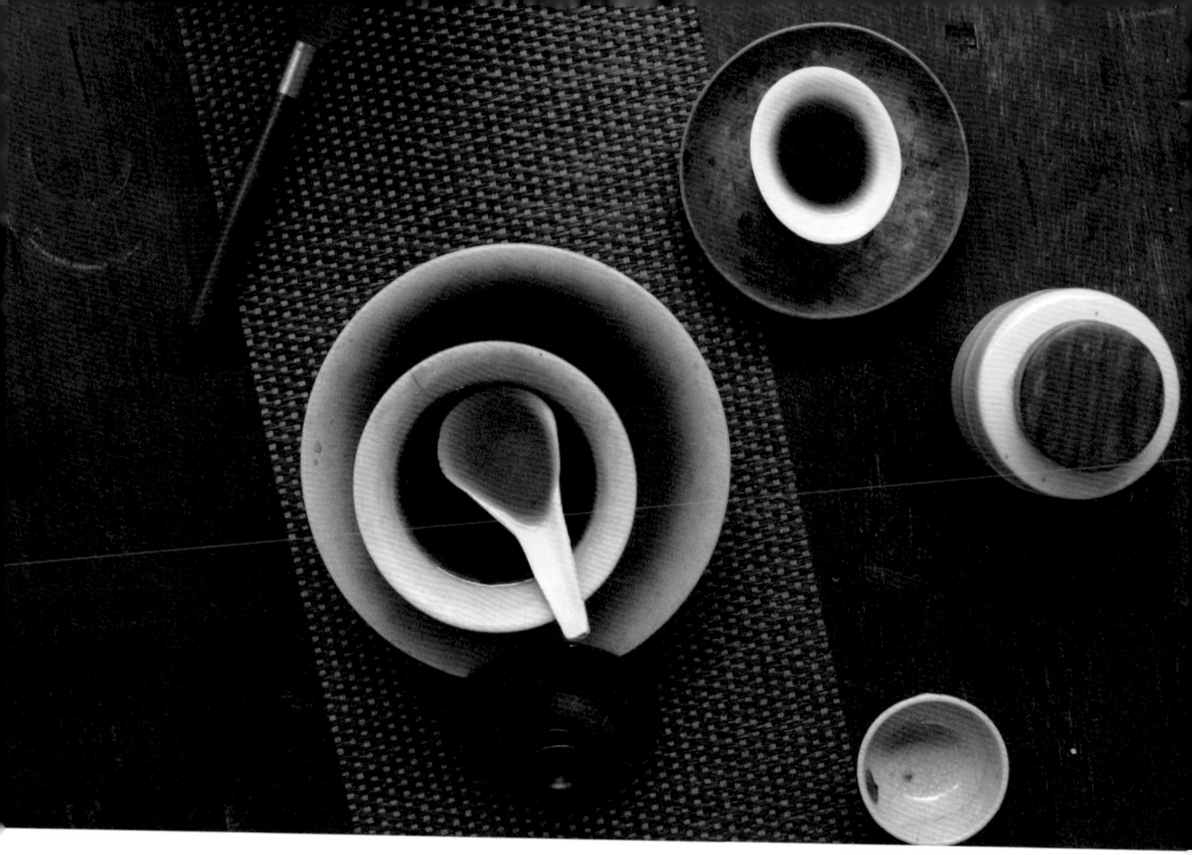

3 埔中烏龍老茶 / 越陳越保值

推薦原因 ››› 劉垣均家中都會固定將每一批新茶留一定的比例做成老茶，主因在於有些人會將老茶做藥引，而過去保存技術也不如現今，老一輩的製茶師都會將茶葉焙的重一點，以抵抗潮濕的氣候，也需要足夠的時間退火陳化，因而由其來。此為存放近 40 年老烏龍茶，「埔中茶」為台灣最早成型的烏龍茶之一。茶菁來自於百年「老田」，悠悠地歷經了 40 年的歲月，從腳揉茶到機器採茶。烏黑油亮的埔中老茶，以中發酵、中重焙火為主，外觀為捲蝦狀。「一年茶，三年藥，七年寶」，可品賞亦可以入菜熬湯做為養生之寶，行氣快，溫和微熱，後勁厚而不燥，口頰齒縫間皆是茶香。

沖泡方式 ››› 烏龍茶在經過經年累月的緩慢發酵以及陳化，適合高溫沖泡。

品茗味道 ››› 光聞茶乾就充滿了高調的花粉香氣，舒服愉悅。茶湯有渾厚又乾淨的黑巧克力、微焦糖香，湯水飽嘴紅潤，若以文火慢煮，更能淬出茶質，也能煮湯藥燉，飲下微微發汗。更適合靜坐放鬆時慢品，茶氣如太極般慢慢推散出，適合四季氣候。泡開後的茶底呈現油亮黑的深烏梅色，陽光下看會有天然的油光反射，茶湯呈現絢麗奪目如紅寶石般的亮麗色澤。

4 陳年藤茶 / 盛夏退火良品

推薦原因 ››› 藤茶又名「端午茶」，鄉下又稱「白茶」，早年台灣有大量種植，後經大規模砍伐，如今很難找到藤茶的蹤跡。易鋁茶堂在古早時還有許多茶工，因防止茶工於盛夏做工時，防止中暑、用以降火、止咳、過勞保肝或因暑溽造成的濕疹所種，而保留其物種至今。固定每年端午時節採製，經日曬殺菌後，需陳放約兩年後才再飲用。陳放約兩年之因乃在於——新鮮的藤茶多數寒性重、刺激度較高，陳化的後發酵能在使寒性退至溫性，對於在身處濕氣較高之山區的飲用者較為溫和。而藤茶擁有大量的黃酮類化合物，文獻指出對於清除自由基與消炎有相當之成效。

沖泡方式 ››› 由於藤茶不含咖啡因，對於貧血、睡眠質量不高的人，是一種理想的飲品，建議可降溫泡，約 85℃的熱水沖泡 30 至 40 秒倒出。

品茗味道 ››› 初入口帶微苦瓜味，中段略有牧草陽光香，尾韻竄上一陣甘甜，苦盡甘來表現無遺，嘴底的回甘會讓人有沈澱舒心的愜意感，非常適合仲夏飲用。

5 初芽嫩紅 / 芬芳潔淨花蜜香

揉製方式 ››› 為 FTGFOP 等級（Fine Tippy Golden Flowery Orange Pekoe）為每年初夏第一摘嫩芽所製，珍稀純淨。芽茶本身部位細嫩嬌小，需一片片透過人工採摘，製作過程中的乾燥失重與消耗更多，因此可說是芽芽珍貴。而茶葉在完整的封閉式有機茶園與高山潔淨泉源下生長，終年高山雲霧繚繞，飲下的是山林間與大地之母無限的保護、包容與療癒。

品茗味道 ››› 口感潔淨，韻味變化極為細緻，洋溢著清新的花蜜香與甜美淡果香。飲下時，香氣於舌尖胸膛中繚繞，吸吐鼻息中，都能感受到那宛如身處於百花綻放山陵上，被雍容高雅的清新花香所包圍的芬芳。可快沖快泡帶出優雅蜜香，亦可長泡帶出厚實底蘊，滋味延展性高，耐泡度極佳，鮮爽的嫩芽與適度之發酵，即使久浸亦不顯苦澀。

“

泡茶，是最好的修身養性的練習。
更是對於辛苦的茶農一種極高的尊重。

”

以茶為信仰，品嘗甘苦人生

喜堂茶業×翁朝亮。

採訪、攝影／李麗文

info

住址‣台北市文山區木柵路一段 228 號
電話‣02-8661-5299
時間‣09:30~18:00
官網‣www.chatei.com.tw

看天氣做茶　把茶當信仰

鄰近貓空茶區的「喜堂茶業」茶堂主翁朝亮（阿亮），原從事房地產仲介及代銷，在房地產低迷時遇上木柵茶農、同時也是天綸茶行的負責人張農林，有了轉行賣茶的念頭，毅然決然跟著師傅去賣茶，從穿西裝到換穿唐裝，有了很大的轉變。

很多人看到生活跟茶如此密不可分的翁朝亮，一直以為其背景應該有著一定的家學淵源，而每問至此，翁朝亮總會提及他心中最感謝的兩位恩師，帶他進來的張農林，以及曾榮獲茶葉比賽特等獎的張慶泉師父。他們無私傳授各種絕學，讓翁朝亮能從各種自然變化中，實際了解茶的原理，進而引導翁朝亮在茶的這條路上，能有更多明確的方向。

「看天氣做茶」是張慶泉所教導翁朝亮的製茶絕學，翁朝亮表示，製茶時，應要注意周遭的自然現象來決定如何做茶，不要只是一頭埋在茶的硬知識裡。像是清晨的霧氣、中午的豔陽、竹葉在半夜裡所吐出的水珠、南風吹拂的方向等，依各種自然現象應變及不斷調整，就能更瞭解製茶原理。

苦學出師的翁朝亮，把茶當作是他的信仰，他藉由喝茶，調整自己的腳步，也透過喝茶，穩定自己的心志。他提到品茶有三個口，要以眼、鼻、口來品茶。就是觀茶色、聞茶香、嘗茶味，好茶茶湯要透，茶香在沖泡出

a 喜堂木柵店主要是銷售茶的門市，也提供小型的茶課教學。
b 翁朝亮泡茶講究簡單，他認為這樣才可以洗滌緊張的生活。
c 從「西裝變唐裝」的翁朝亮。

茶湯後，才打開評鑑杯低頭扣緊杯口鼻子用力一吸，即可吸到明顯的香氣，而喝茶時要讓茶從舌尖到喉頭暫留，茶味才能品出茶的甘苦。

簡單設計　以品牌創新局

二〇〇一年，翁朝亮在貓空山腳下開店，最初的三年，碰上熟客減少，新客不來的窘境，於是翁朝亮開始架設網站，以「喜堂」英文 ChaTei 做品牌，與台語「呷茶」諧音，而喜堂又有昔日結婚拜堂的場所的吉祥之意，奉茶之禮又象徵新人同甘共苦、開枝散葉等多重意義，慢慢將品牌拓展開來。

由於翁朝亮平時學習武術，玩東方藝術，對於傳統圓融之美有深刻的感受，因此在茶行的裝設上也以東方調為主。在「喜堂茶業」茶館中，可看到用原木做成的商品陳列櫃，品茶區的茶桌、茶椅、壁飾亦皆是渾厚的中國風。在茶包裝上以「簡單生活，簡潔設計」為設計主軸，其兼具環保的包材，讓每一個禮盒包裝都還可重複回收利用，如此獨具巧思的設計，使其獲得多次設計大獎的肯定。翁朝亮希望藉由喜堂的包裝，可以讓更多年輕人重新認識「茶」的樣貌，並也能在認同的同時，讓台灣茶增添更多無限的可能性。

1 包種茶 / 清香鮮綠

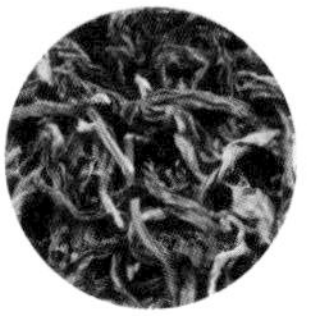

採集地點 ››› 雪山山域的大林村 400 ～ 600 公尺

採集時間 ››› 4/5 ～ 4/25，正春茶

揉製方式 ››› 以青心烏龍種揉成條狀，輕發酵輕烘焙

品茗味道 ››› 茶葉色澤墨綠外型呈條索狀，屬青茶系列，入口甘醇清甜，清香餘韻留於唇齒間。茶葉量約容器的二分之一，沖泡時以中溫 80℃至 90℃熱水，浸泡約 1 分鐘倒出，茶湯呈蜜綠色。

2 凍頂烏龍 / 醇厚炭香

採集地點 ››› 喜堂凍頂烏龍選自南投鹿谷凍頂山麓，海拔約 600 ～ 1,200 公尺的山坡茶園。

採集時間 ››› 4/10 ～ 4/30，正春茶

揉製方式 ››› 以純熟烘焙工藝，茶葉色澤墨綠油亮，揉捻成半球狀，屬中烘焙茶，輕發酵。

品茗味道 ››› 沖泡時茶葉量約為容器的五分之一，以高溫 100℃熱水沖泡，浸泡時間約 1 分鐘倒出，茶湯呈金黃色，香氣濃郁，略帶堅果香氣，口感圓潤醇厚，回甘力強，是相當受歡迎的茶種。

> “不急火，不慢工，善用簡單的茶，
> 洗滌複雜緊張的生活。”

3 鐵觀音 / 勁滑濃香

採集地點 ››› 台北文山區、木柵、坪林

採集時間 ››› 4/20 ～ 5/15

揉製方式 ››› 製作較為繁複，是眾多茶種中製程最複雜、烘焙時間最久的，中發酵、重烘焙茶，屬熟茶系列。

品茗味道 ››› 茶葉外型色澤烏黑，呈結實半球狀。沖泡時茶葉量取容器五分之一，以高溫 100℃熱水沖泡，浸泡時間約 1 分鐘倒出，茶湯呈琥珀色，氣味香而不膩，帶點成熟的瓜果香，口感甘醇滑順，略帶果香甜味，生津止渴。

4 東方美人 / 貴婦媚香

採集地點 ››› 新竹、苗栗一帶

採集時間 ››› 6/5 ～ 6/25

揉製方式 ››› 採收夏季茶葉，茶樹嫩芽經小綠葉蟬吸食，取其葉製茶，在製茶過程中多一道回軟的二度發酵程序，茶葉白毫肥大，呈五顏六色，有紅、黃、白、褐、綠等色澤，外型為條索狀，屬重發酵、輕烘焙茶種。

品茗味道 ››› 沖泡時茶葉量為容器二分之一，以低溫 70℃至 80℃熱水沖泡，浸泡約 1 分鐘倒出，茶湯橘紅色，帶有明顯的蜜香與熟果氣味，是不少歐美人士喜愛的東方茶種。

5 日月潭紅玉 / 優雅溫潤

採集地點 ››› 南投魚池鄉日月潭周邊

採集時間 ››› 中秋節前後 15 天

揉製方式 ››› 紅玉茶葉外型黑紅，呈條索狀，屬輕烘焙、輕發酵製作紅茶，具天然薄荷及淡淡的肉桂香氣，十分獨特。

品茗味道 ››› 沖泡時茶葉量約容器的三分之一，水溫約 80℃至 90℃左右的熱水，浸泡約 1 分鐘倒出，適合純飲不加糖、奶等。

4
5

1
2
3
鮮
醇

沁意養生茶苑

沾染花香的混搭新茶味

採訪／周培文　攝影／PJ

info

地址，新北市永和區中山路一段 311 號 3 樓
電話，02-32330298
官網，www.teapark.com.tw
備註，「沁意養生茶苑」非一般對外營業場所，欲知相關訊息請上官網查詢。

推廣台灣茶　主攻門外漢

走進位於永和一棟商辦大樓裡的「沁意養生茶苑」，儼然辦公室的空間，不似傳統茶藝館充滿木作裝潢或古色古香的氛圍，一時間還以為走錯地方。低調的陳老闆出身種茶世家，從曾曾祖父開始，就已經在南投縣名間鄉的松柏嶺種植茶葉。

原本是上班族的陳老闆，後來決定繼續事茶工作，但在思考定位時，也面臨了難題：已在喝茶的人，都有自己的定見與習慣，所以要推廣台灣茶，對象一定得是平常沒在喝茶、還在茶世界門外徘徊的人。

不怕質疑　就是要花俏

本著要顛覆一般人對台灣茶的刻板印象，陳老闆夫婦在二〇〇四年就開始將各種西方的健康功效花草與台灣茶融合成新茶品，在一番試驗之後，他們研發出許多口味的花草烏龍茶，且與歐美的花草茶不一樣，不是只有拿乾燥花去泡茶，而是將花與茶一同燻製，讓花香依附在烏龍茶上，這樣才會有烏龍的基底韻。然後依花種與特性，決定是否挑花，例如傳統的茉莉烏龍，就還是依照古法製作，燻製後將茉莉花瓣挑掉；至於洋甘菊、玫瑰等就直接乾燥入茶，讓烏龍茶更多了些寧神、靜心的風味。

當時，在大部分茶人都還是以古法做茶賣茶，沁意推出的各種以花草入味的台灣茶，受到不少前輩質疑，覺

得他們的茶太花俏。但他們依舊不改變定位，開始以網路行銷，尤其是立體茶包與試喝包的體驗模式，受到上班族的注意，加上與微風廣場等貴婦型百貨合作上架，沁意的風味茶，就這樣漸漸在女性族群間做出口碑。接著他們更大膽研發以台灣的水果特產入茶，意外地在歐美市場獲得好評，直到現在，外銷訂單已佔沁意的四成業績，這兩劑強心針，讓夫婦倆更有信心研發更多風味烏龍茶。

提到手採茶，陳老闆告訴我們「機採茶未必比手採茶來得差」，原因在於山上的採茶班人工是照輪的，但茶葉最佳的採摘期，最需要配合的就是天侯狀況。陳老闆表示，他們的南投機採茶，就是選擇最適當的天氣，在接近正午前採收，讓茶菁可以得到充足的晒菁與完整不偷步的製程。「當做好茶的變數都掌握在自己手裡，最能控制好茶葉的新鮮度。」陳老闆自信地說。

a 花香伴隨烏龍茶香，連歐美人士都讚賞。
b 陳老闆認為，做好茶的變數都掌握在自己手中。

1 舒活烏龍茶

採集地點 ››› 基底的烏龍茶產地在南投；花草產地在歐洲

採集時間 ››› 春、冬季

揉製方式 ››› 將多種天然草本植物如：薄荷、檸檬草、甘草根與烏龍茶一起調配，呈現與一般歐美純草本茶截然不同的韻味。

品茗味道 ››› 烏龍茶種為南投名間自家栽種之四季春，帶有些許檳榔香氣，由於咖啡因含量相當低，加上草本植物本身的特性，讓此茶兼具提神與放鬆效果，非常受到國外人士喜愛。沖泡時宜以 85℃左右的水溫沖泡約 90 秒即可飲用。

2 玫瑰烏龍茶

採集地點 ››› 基底的烏龍茶產地在南投；花草產地在歐洲

採集時間 ››› 春、冬季

揉製方式 ››› 以歐洲進口的玫瑰花瓣，加入來自南投名間自家栽種的四季春，共同混合薰焙，恰到好處的玫瑰花香融入茶香，帶出優雅的迷人滋味。

品茗味道 ››› 其實飲用玫瑰花茶並非從歐美人士開始，中醫古籍就記載過玫瑰味甘性溫，抒發體內鬱氣，起到鎮靜、安撫、抑鬱的功用。雖然玫瑰烏龍並非入藥，只是當做茶飲來喝，但滑順的滋味依舊使人心情愉快。以 85℃的水溫沖泡 90 秒後即可飲用。

> “不管手採還是機採，只要適合自己的茶，就是台灣好茶。”

3 洋甘菊烏龍茶

採集地點 ››› 基底的烏龍茶產地在南投；洋甘菊在德國

採集時間 ››› 春、冬季

揉製方式 ››› 將德國進口的洋甘菊與自家栽種的四季春，以低溫反覆烘焙而成。

品茗味道 ››› 帶有類似蘋果的天然花果香融入烏龍茶，讓茶水更顯甘甜，香氣更有層次，是非常受到女性喜愛的一款茶飲。以 85℃的水溫沖泡 90 秒後即可飲用，第三泡後每泡加 10 秒，是一款相當耐泡的花茶。

4 茉莉烏龍茶

採集地點 ››› 基底的烏龍茶產地在南投；茉莉花產地在彰化花壇

採集時間 ››› 夏季

揉製方式 ››› 以彰化花壇所產之當日現摘茉莉花，與南投名間自家栽種的的四季春，以輕焙火方式薰製 16 個小時以上，反覆薰製數次，讓烏龍茶吸附花香後，再將已經乾燥過的茉莉花過篩。

品茗味道 ››› 此款花茶屬於傳統製法，喝得到花香卻看不見花，沖泡時宜以 90℃左右的水溫沖泡約 90 秒即可飲用。

5 阿里山紅茶

採集地點 ››› 嘉義阿里山

採集時間 ››› 夏、秋季

揉製方式 ››› 此款阿里山紅茶，使用的則是小葉種的青心烏龍，製作成全發酵的球狀紅茶。

品茗味道 ››› 帶有天然的焦糖香與果香，甘醇耐泡，是非常高品質的限量手採紅茶。水溫以 100℃最好，煮沸後馬上就可沖泡，2 分鐘就可以飲用。要是水溫太低，紅茶味道不好散出，喝起來會過淡沒味道。

4
5

1
2
3

七三茶堂×王明祥。
茶香裡的七三哲學

文／黃阡卉　攝影／張藝霖

info

地址‧忠孝東四段 553 巷 46 弄 16 號
電話‧02-2766-7373
時間‧12:00~19:00

台北松山文創園區旁的巷弄，向來是餐廳、咖啡店等的一級戰區，在來來去去的店家中，有一家乍看之下像是咖啡店，實為可輕鬆享受茶香的現代飲茶空間——「七三茶堂」，在此地持續深耕台茶文化。

製茶：從產地到城市，從口傳到實體化

「七三茶堂」的創辦人王明祥，過去曾是國際知名3C品牌的行銷主管，光鮮亮麗的表面下，日日忙碌生活節奏緊湊。從科技產業的高階主管，轉換跑道投身「喝茶」世界的契機，是因自己的妹妹嫁到阿里山，邀請他上山一遊，「二〇〇八年三月，我上山時正值製茶期，滿山彌漫的茶香，讓人忍不住閉上眼睛，用嗅覺去好好體會這片如畫風景。」對王明祥來說，這是活在台北不曾有過的感受，他想將山上的茶香帶到都市、帶到大眾的生活之中，創立一個生活化的茶品牌，透過對茶各種詮釋，為人們打開一扇美好之門。

a. 茶館內部無過度裝潢，明亮几淨的氛圍下，保持適度的「留白」，讓人的角色適度被突顯出來。
b. 茶館夏日的招牌飲品冰珍珠妙媞（milk tea）。
c. 七三的冷泡茶茶罐，為玻璃材質，冷熱泡皆可。
d. 茶品有各種規格的包裝設計，供消費者選擇。

a

c

d

b

c

a

b

d

但初入茶產業，空有熱情不夠，他深入產地，從頭開始學起，除了找適合的茶農合作，更進一步鑽研茶知識、各個茶區的風土人文和當地的茶樹品種特性，跟著茶人前輩們一步步學習製茶之外，更通過茶業改良場所舉辦的茶葉感官品評專業人才能力鑑定的資格認定，與台大食品科技研究所、園藝系的老師、同好們，以更科學及客觀的角度，釐清製茶過程中茶葉物質的轉化為何，將老一輩以口傳方式的製茶工序，以更明確的方式重新紀錄下來。

讓茶如咖啡般，更貼近生活片刻

小說作家王旭烽的著作《茶人三部曲》中有一句：「倒茶七分，剩得三分人情。」意為倒茶時只倒七分滿，剩下三分讓茶香得以延展；對王明祥而言，推廣茶文化也是如此，引人入門至七分，另外三分，留給喝茶的人，去尋找他自己的天堂，這也是「七三茶堂」品牌命名的由來。同樣套用在茶館空間的經營，王明祥認為，「喝茶」最重要的是人，因此「人」才是茶館裡的主角，因此在七三茶館看不到過度的裝潢，簡單質樸而舒適。服務也是以舒服、自然的方式和客人交流，讓人們走進此處如同走入咖啡館般一樣地自在。

品牌耕耘十年有成，王明祥談到品牌初期扎根於製茶知識的累積，到現在已漸漸在製茶上有了自信，擁有詮釋茶的能力。「其實就和葡萄酒一樣，不同產區的茶葉風味也不同，許多特色茶的滋味都是來自其生長土地上的生活風景、自然風土與歷史人文。透過喝茶能感受到這塊土地的滋味，同樣地，在這塊土地上的任何作物都可以是我們創作的靈感來源。」從花草茶、薰香茶開始到台灣果乾茶點心、茶包明信片，都成為七三推廣茶文化的要素之一。

近期更與台大食品科技研究所畢業的伙伴，一同研發茶葉的清潔用品，從茶館泡完茶湯的茶葉中萃取出清潔物質，製作成可天天使用的潔手慕斯，「餘下的濕潤茶葉其實卻仍含有豐富的潔淨物質未被釋放，像是茶鹼和茶皂苷，而萃取完畢的乾燥茶葉末還能再送回茶園，讓茶葉碎末成為土壤的有機物質。」取之於茶園，歸於茶園，無廢棄物，讓品牌產出的茶葉成為循環經濟，永續經營下去。

a. 王明祥以更科學及客觀方式，紀錄、改善製茶工序。

b. 在茶館內點單壺熱茶，可同時品嘗到七三特製的台灣果乾茶點心。

c. 七三與台灣插畫家合作，製作一系列具台灣風土人文特色的茶包明信片，店內還有代寄服務。

d.「倒茶七分，剩得三分人情。」是王明祥在喝茶心得上的領悟。

1 小油菊綠茶

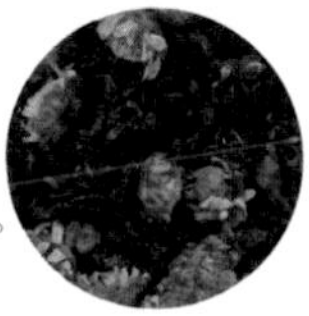

採集地點 ››› 金萱綠茶為南投竹山桶頭／小油菊為花蓮赤柯山。

採集時間 ››› 茶葉春、冬兩季／小油菊為冬季

推薦原因 ››› 摘取自花蓮赤柯山上無毒農業區的原生小油菊，寒冬時越冷越開花，小小的一朵，隨意幾顆以熱水沖泡，其菊花香氣與味道卻十分濃郁而有持續性。七三以西方的複方茶概念製作，小油菊薰香南投的金萱綠茶，清新無負擔。

品茗味道 ››› 小油菊綠茶，平素的茶湯質地，翠綠的甘鮮滋味，散逸爽涼的菊花氣味，無論是熱泡，或者夏天冷泡，都是好適合的喝茶選擇。

2 黑豆小麥草本茶

採集地點 ››› 來自彰化二水的有機黑豆，與台中的小麥。

採集時間 ››› 黑豆主要產季為冬季。

推薦原因 ››› 七三想研發一款能吸引原本習慣喝咖啡的人們來嘗試喝茶的茶品。經過數次的討論與資料收集，發現其實並不是只有咖啡豆經過高溫烘焙後才會產生香氣，許多豆類如決明子、黃豆與黑豆，因同樣富含油脂，經過高溫烘焙後，也能散發出有如咖啡般的濃濃香味。推薦給喜愛喝咖啡的人。因整體無咖啡因，也推薦給有飲茶習慣，但可能因懷孕或其他因素等，無法攝取咖啡因的人飲用。

品茗味道 ››› 此款茶品中的黑豆採用高溫烘焙製作，能散發出沖泡咖啡或「麵茶」時的香氣，再加上輔助的小麥麥香，為一款風味溫和、耐泡的純穀物茶。

3 阿里山蜜香烏龍（台茶 12 號）

採集地點 ››› 嘉義縣阿里山隙頂，海拔 1200 公尺高山。

採集時間 ››› 夏季

揉製方式 ››› 一心二葉的摘取、中焙火中發酵，揉捻成球型烏龍茶葉。

推薦原因 ››› 愛茶人都知道，東方美人的蜜香來源是因茶葉經小綠葉蟬的著涎叮咬，無法以人工控制，因此這份自然的茶葉蜜香來得不易，產量可遇不可求。一年夏天，七三在自家的阿里山金萱茶園發現小綠葉蟬的身影，這代表著茶農堅持不灑農藥以涵養土地、自然生息態度的最好禮贈，更是消費者的福音。

品茗味道 ››› 七三的阿里山蜜香烏龍，為台茶 12 號的樹種，有著高山茶獨特山頭氣、韻味和回甘度。茶湯柔和而豐美，餘韻甘美。

4 玫瑰窨高山綠茶

採集地點 ››› 採自嘉義縣阿里山里佳，海拔 1,500 公尺的

高山茶園

採集時間 ››› 春季

揉製方式 ››› 以青心大冇茶種茶葉加上南投埔里有機山形玫瑰，以七三花染窨製方式而成。

品茗味道 ››› 山形玫瑰的香氣特殊，除了玫瑰花香，更帶有一絲荔枝香氣，也讓這鮮甜的高山綠茶，更多了果香般的甘甜圓潤。適合三餐飯後、午後、夏天冷泡飲用。

5 花蓮紅玉紅茶（台茶 18 號）

採集地點 ››› 花蓮縣瑞穗鄉的舞鶴台地的無毒農業區。

採集時間 ››› 夏季

揉製方式 ››› 無焙火、全發酵

推薦原因 ››› 七三茶堂的紅玉紅茶來自於推行無毒農業的花蓮瑞穗（舞鶴台地），不論是先天的風土條件或是後天的製茶人素養，都有生產好茶的絕佳條件。這裡的茶人擅長製作紅茶，除了製作了蜜香紅茶之外，也開始種植台茶 18 的茶苗。推薦可以試著比較看看栽種於南投魚池的紅玉，與栽種花蓮後山的紅玉，兩者在滋味口感上的風土差異，也是品茗時的一大樂趣。

品茗味道 ››› 花蓮後山的紅玉帶有明亮爽朗的口感，與柑橘、薄荷和肉桂的獨特香氣，建議夏天冷泡、秋冬熱泡功夫泡。

> “
> 從知識面認識、推廣台灣茶文化；
> 認真地做自己，就是最大的差異化。
> ”

4
3
2
1
5

八拾捌茶×周杏羽、蕭勝元。花香與茶氣的奏鳴曲

採訪／周培文　攝影／PJ

info

地址‧台北市汀州路二段 317 號
電話‧02-23688488
時間‧13:00~20:00（週一公休）

嗅覺開啟的烘茶人生

位於台北市汀州路的「八拾捌茶」一店，四周不是汽機車修理店，就是一般民家，一不小心就會錯過了這個明明應該要很明顯的店面。「八拾捌茶」的店面三坪不到，一個吧台，加上茶品陳列架，頂多只能容納三、五位客人在此品茶，遇到烘茶篩花的時候，店裡連轉身空間都沒有，幾個年輕人索性趁著月夜，坐在騎樓下篩花揀花兼聊天，烘茶師進進出出忙烘茶，彷彿他們待著的地方，不是汀州路的公寓一樓，而是一座三合院的門口埕。

「八拾捌茶」的創辦人周杏羽，是台灣少數的女烘茶師。更特別的是，周杏羽其實不迷戀「喝茶」這件事。會去當烘茶師，是因為周杏羽的父親愛喝茶，但在父親晚年得了癌症過世後，她想做一門不用殺生的行業，將功德迴向給父親，便開始到茶莊上班。一開始只是個茶莊包裝人員的周杏羽，並不知道自己天生擁有靈敏的嗅覺，此天分被喜愛玩沉香的茶莊老闆發現，慢慢讓周杏羽學烘茶，原來要成為一名好的烘茶師，嗅覺與辨別好壞茶的天分很重要，周杏羽的潛能在烘茶時徹底被開發。

a「八拾捌茶」店面事務都交由蕭勝元帶領的一群年輕人打理。

a

周杏羽本身不特別偏好哪一類茶，而是像歐洲的香水調香師一樣，必須讓自己保持在客觀狀態，才能精準辨別並呈現每一款茶的特色。

後來周杏羽決定開一家茶行，以紀念愛喝茶的父親，在籌備期間遇到擅長品牌形象設計、也有一個愛喝茶父親的蕭勝元。一個低調沉穩、一個奔放年輕，兩人決定共同推廣茶文化，讓好茶充分為人所知。原本店名只是想叫做88茶，但同樣的念法，中文字的「八拾捌」意義則更為深遠，兩人希望所有愛茶的人都能互相攜「手」「合」作，沒有分「別」心，這才將品牌改為「八拾捌茶」，並讓更多不到三十歲的青年軍共同加入創業行列，共同讓台灣人領略台灣茶的美好。

東方窨製花的魅力

「八拾捌茶」主力在推廣東方窨製花茶。窨，音義同「燻」，窨製花茶是在烘焙茶的過程中，加入花一同窨香，讓茶吸收花的香氣而成，而西式花茶則多是以乾燥花為主體的花草茶，兩者作法大相逕庭。「八拾捌茶」目前所推出的窨製花茶包括常見的茉莉、玫瑰等，更開發了少見的野薑、梔子、玉蘭等種類。

窨製花茶過程相當繁複，每個步驟都得小心謹慎。且因每種花的開花時間不同，製茶時間也得跟著開花時間做調整，如茉莉花通常在子夜開花，整個製茶過程往往就得跟著挑燈夜戰。加上需等待發酵與每一次烘焙、退火，一款花茶的製成往往

a 位於西門町西本願寺古蹟中的「八拾捌茶」輪番所，保留了原有的日式建築風格。
b 輪番所的日式空間特別能表達台灣茶的歷史況味
c「八拾捌茶」的窨製茶，加入台灣特有的原生植物一同窨製。
d 千禧年保存至今的文山包種茶。

需要三至四週，相當耗時。這幾位年輕人也很敢嘗試不同的口味，像是土肉桂口味、玉蘭花口味、馬告口味的茶，都是極具巧思、挑戰年輕味蕾的新茶風味。

這這麼小的一個店面，卻懷抱著幾個年輕人的遠大夢想。二〇一四年夏天，八拾捌茶更進駐日據時代遺留下的重要建物「西本願寺輪番所」，開設二店茶館推廣台灣茶。在熱鬧的西門町圓環旁，充滿古意的歷史建築裡，打造出一個全新的茶文化空間，正如周杏羽與蕭勝元的個性，新舊不衝突、old is new！

1 白毫綠茶（青心烏龍）

採集地點 ››› 坪林地區

採集時間 ››› 春季

揉製方式 ››› 採不發酵與輕烘焙的方式製茶，茶乾呈現海菜般的翠綠清爽，茶湯呈現玉綠色。

品茗味道 ››› 說到「白毫」，在台灣聽到的多為「白毫烏龍」，也就是東方美人茶，但「八拾捌茶」卻製成完全不發酵的「白毫綠茶」。與一般綠茶不同，有著淡雅花蜜香，卻無一般綠茶的澀口。建議採 75℃水溫沖泡，前三泡 15 秒即可飲用，第四泡後每泡累加 10 秒。適合在早上、中午及飯後飲用。

2 窨製茶（茉莉烏龍）

採集地點 ››› 彰化花壇的茉莉與南投縣名間鄉的四季春

採集時間 ››› 茉莉是夏季；茶是春季

揉製方式 ››› 以彰化花壇所產之茉莉花，與來自南投縣名間鄉的四季烏龍共同窨製，交織出最為大眾所熟悉的東方花茶氣味。窨製時需將篩好的茉莉花與茶胚，以一層花一層茶的次序分層拼和，並靜置使其自然發酵，讓盛開的茉莉花香與花汁直接被茶葉吸收。發酵完成後，需先將花與茶重新分離，再依比例混合共同烘焙，進一步讓花香充分釋放。

品茗味道 ››› 建議採 95℃水溫沖泡，第一泡 30 秒、第二、三泡 20 秒，第四泡後每泡累加 10 秒，全天均適合飲用。

> “希望喜歡喝茶的人，可以找到能自己辨識出來以及所喜歡的口味。”

3 窨製茶（土肉桂烏龍）

採集地點 ››› 南投縣中寮鄉的土肉桂與南投縣名間鄉的四季春

採集時間 ››› 土肉桂為全年；茶為春季

揉製方式 ››› 921 震災重創中寮鄉，滿山檳榔林全部隨土石流消失。在專家輔導下，農民改種抓地力強、有利於水保的台灣原生土肉桂取代檳榔林。台灣原生土肉桂氣味較為溫和，用以窨製烏龍茶，成就爽口的茶湯與奔放甘甜肉桂香，是台灣大地生命力的純粹見證。

品茗味道 ››› 沖泡方式與前一款茉莉烏龍相同。

4 千禧梅香包種茶（青心烏龍）

採集地點 ››› 坪林地區

採集時間 ››› 春季

揉製方式 ››› 有別於多數重火烘焙的老茶，輕發酵的文山包種在良好保存條件下，因持續「後發酵」產生了如梅果般的香氣，略帶果酸感的茶湯以古樸的溫潤甘甜撫慰著味蕾。

品茗味道 ››› 沖泡時水溫宜高，建議在 90℃以上，沖泡時間不宜長。因老茶會有不可預期的氣味，無需太執著於水溫與秒數，每一泡的風味都不同，值得慢慢實驗、細細品嚐。適合全日及餐後飲用。

5 檜香阿里山烏龍（青心烏龍）

採集地點 ››› 嘉義縣阿里山鄉

採集時間 ››› 春季

揉製方式 ››› 會以頂級高山茶來做窨製茶，是個美麗且單純的意外，有次周杏羽要烘茶時不小心拿到了阿里山的青心烏龍，意外激盪出全新茶品，檜木香氣與高山韻在鼻息與肺腑間來回悠轉，獨特的氣味收斂了阿里山烏龍略顯外放的花香調，使茶湯口感更顯飽滿沉穩，是極具台灣風味的頂級窨製茶。

品茗味道 ››› 沖泡方式與第二款茉莉烏龍相同，全日都適合飲用。

4
5

1
2
3

無藏茗茶×阿璋。以故事賦予好茶特別的身世

採訪／麵包樹工作室　圖片提供／無藏茗茶　攝影／林佑璁

info

地址▸台中市烏日區高鐵一路 299 號 2 樓
電話▸04-2338-0302
時間▸周一至周五、09:00～18:00
（國定假日不營業）
官網▸www.wu-tsang.com.tw

為茶說一個好故事

從老牌製茶所轉型，以傳承三代的茶葉歷史為基礎，「無藏茗茶」品牌創辦人阿璋在二〇〇九年和太太聯手創立「無藏茗茶」，致力在傳統產業中努力建立新時代環境價值的茶葉品牌。秉持著兩人對茶葉的熱愛與執著，向大眾分享來自阿里山石棹和隙頂的好茶。

「好茶無藏、情意無藏、價格無藏」是無藏一直以來想傳達的品牌思想。從自家高山茶園裡的三種樹種延伸出九款特色茶，組成一面好茶拼圖。無藏品牌的茶品皆出產自單一茶廠，茶廠內擁有製茶十一道工序的全部設備，過程中不需外包，減少茶葉運送的氧化變質風險，對於品質充分把關。

同時依據茶的特性、生長過程與品茗的感受，「無藏茗茶」賦予每款茶一個特別的身世，加上手繪圖像的呈現，讓每次的品茗都有豐富的想像色彩。像是有著「享受單獨」之名，產自阿里山石棹茶區的精緻烏龍，其茶樹種青心烏龍口味清香，加以茶廠專業烘焙的技術，使其逼出菁味，留下精純的原味，也突顯烏龍清新、高雅的口感。就很像人們在去除所有外在紛擾後，可看到最如實、真正的自己。

永續傳承台灣茶香

台灣茶得天獨厚，除了地理及氣候的先天優勢外，更

a. 遷址後的無藏烏日體驗店更明亮寬敞，增加了更多與客人互動的空間。

b. 每周三下午茶葉分享會上課情境。

c. 與卷尾設計合作，跳脫傳統茶葉包裝，打造符合無藏故事性的插畫。

有悠久的歷史與文化意義，「在新舊時代的交替潮流中，為喜歡追求新鮮與價值感、注重生活品味的茶友們，努力著透過我們的茶，讓愛茶人找到對台灣茶的歸屬感。」無藏積極地串聯線上與線下的資源，提供安全的茶葉原料、來源背景、品茶知識、穩定的價格、環保減量的包裝。

同時為了推廣質優的台灣茶，增加品茶的視角，他們也持續研發茶禮盒、茶器、茶食、茶飲等周邊產品，例如其精心設計「開花茶」，一顆小圓茶球注入熱水後，竟在水中變身為一朵綻開的茶花，可愛的姿態，即深受年輕世代及日本遊客的喜愛，成為新一代消費者接觸台茶的最佳入門磚。

「生活，是一件值得用心的事。我們推廣用心的茶，也推廣用心的生活。」無藏在二〇一八年中，從台中市區遷移至烏日，提供一處更大的體驗空間，讓茶友們可以享有更完整、更舒適的服務，並固定在體驗店內舉辦茶葉分享會，以簡單、明瞭的方式讓更多的大小茶友，甚至是來自國外的朋友，透過兩個小時的分享、交流與一個小時的泡茶體驗課程，增進對台灣茶的認識，也降低了大家對台灣茶的刻板印象，為台灣茶開啟良善、永續的循環。

1 高山烏龍 / 真實的自己

採集地點 >>> 阿里山石棹茶區

採集時間 >>> 產季為春冬兩季

揉製方式 >>> 茶樹種為青心烏龍，屬 20% 的輕發酵茶，焙火程度為兩分輕焙火。

品茗味道 >>> 具有蘭花、桂花和特殊的烏龍品種清香，香氣清揚優雅，冷熱不變。滋味甘甜濃厚，口齒留香，潤喉生津。經過輕焙火後，對身體尤其是胃腹的刺激也不再那麼強烈，對健康較有好處。茶味濃郁，可入菜入湯，烘培餅乾或製成各式魚肉茶泡飯。取名「真實的自己」因高山烏龍連梗帶葉，茶葉天然的茶鹼丹寧，讓高山茶的清揚飄香中帶一點苦與澀，呈現出原始完整的烏龍滋味。

2 精緻烏龍 / 享受單獨

採集地點 >>> 阿里山石棹茶區

採集時間 >>> 產季為春冬兩季

揉製方式 >>> 茶樹種為青心烏龍，屬 30% 的中發酵茶，焙火程度為三分中焙火。

品茗味道 >>> 和高山烏龍一樣，具有蘭花、桂花和特殊的烏龍品種清香，但又更加精緻，手工揀去老葉、茶梗及內含雜質，褪去苦澀，突顯烏龍的清新口感，又因中焙火而更為溫潤。適合精純高雅、獨特尊榮的人。精緻烏龍是比賽茶，經過嘉義縣阿里山茶葉協會的檢驗和肯認。取名「享受孤獨」意為刻意純化後，即是享受葉片單獨的味道。

> “茶不再僅是中國的道，日本的禪；喝茶是生活的美，生命的美。”

3 金萱烏龍 / 孩子氣

採集地點 ››› 阿里山石棹茶區

採集時間 ››› 產季為春冬兩季。

揉製方式 ››› 茶樹種為台茶 12 號，屬 20% 的輕發酵茶，焙火程度為兩分輕焙火。

品茗味道 ››› 金萱是由台灣茶改場自行研發之台灣特有種，編號 2027，茶湯滋味恬淡順口，具牛奶糖香氣，熱泡香氣及喉韻持久，冷泡及冰泡茶為清新溫和，像可愛柔美的女生，適合在午間或午後、佐餐或餐後飲用。

4 陳年烏龍 / 光陰的味道

採集地點 ››› 阿里山石棹茶區

採集時間 ››› 產季為四季

揉製方式 ››› 茶樹種為青心烏龍，屬 60% 的重發酵茶，焙火程度為四分中焙火

品茗味道 ››› 經長時間儲存後，烏龍的香氣和滋味在歲月中自然轉化，熱泡為佳，入口甘醇，喉韻持久，深沉內斂，帶有濃甜花香和熟果弱酸，層次多變且濃烈，推薦給想要品味感動的人在晨起或夜間、餐前或佐餐飲用。

5 白毫烏龍 / 夢想之路

採集地點 ››› 阿里山石棹茶區

採集時間 ››› 產季為夏季

揉製方式 ››› 茶樹種為青心大有，屬 80% 的重發酵茶，焙火程度為四分中焙火

品茗味道 ››› 茶湯滋味圓柔淳厚，熱泡時散發蜂蜜氣息，喉韻持久，冷泡或冰泡易產生特殊麥茶風味，具有迷人的熟果香和蜜糖香，適合成熟幹練的人在晨起或夜間、餐前或佐餐飲用。

4
5

1
2
3

淡水天光×阿原。青草藥中的茶道理

採訪／楊雅惠　攝影／楊弘熙

info

地址▸新北市淡水區中正路 216 號（阿婆鐵蛋對面）

電話▸02-6637-8277

沒有一棵樹　為這杯茶倒下

「淡水天光」的創辦人阿原以青草藥手工肥皂起家，對於台灣青草藥專研甚深。青草藥的應用範疇廣泛，不僅可以外敷，更可內用；加上中國傳統醫學講究中庸平衡之道，觸動了阿原投入台灣青草藥茶飲的想法。於是阿原帶著工作團隊一同努力，開發出台灣青草藥生活茶，創立了品牌「茶道理」。

所謂「茶道理」，就是要呼籲大家不要為了喝好茶而砍樹噴藥，也不要為了喝好茶，違法加料。其以青草藥為基底的茶，有清心茶、靜心茶、定心茶三款，還有以仙草、青草、白薑牛蒡等老祖宗配方調製的「鄉下茶味」；以及至中海拔所摘取的金萱、翠玉、包種和蜜香紅茶茶葉，這些茶葉皆不來自高山，就是因為要奉行尊重自然法則及土地倫理，以做出真正心安理得的茶飲。

紅樹林裡的天光秘境

阿原工作室位於淡水的紅樹林，踏進一樓首先可看見兩隻肥皂石獅子，一左一右立於入口，這是阿原的工作同仁們親手捏塑而成，仿效台灣廟宇中避邪鎮煞的石獅典故。空間建材也以環保為出發點，地板採用的是全台灣廢棄回收的木材，包括衣櫥、門板、桌子等，廢棄回收之後再加以重新拋光、裁切、拼貼而成。踏在店內的地板上，彷彿腳下每片色澤深淺不一的木片，都訴說著不同的故事。

d

a.c 位於淡水老街上的「淡水天光」，像是喧嘩塵世裡的一處桃花源。

b 踏進店裡襲來一陣幽香，一樓空間也同時陳列許多阿原商品。

d 店裡輕食別具巧思，口感清爽。讓遊人不僅身心靈能在茶香中獲得釋放，味蕾也同時得到滿足。

「淡水天光」的一樓是商品陳列與銷售，品項齊全宛如阿原博物館。二樓則是結合了青草藥餐飲的飲食空間，露天陽台可見後方遼闊視野。三樓則做為文化展演使用。踏進「淡水天光」，呼吸吐納之間盡是舒暢。推開一樓店面後方的玻璃門，往外而出，可見一方墨色許願池，深鬱黝黑的黑石將池水襯托得分外沉靜。後方拾級而上還有一片青草藥園，種植的植物有迷迭香、薄荷、紫蘇、馬鞭草、艾草及生菜類植物，供應二樓餐飲食材使用。踏入這塊野放領域，彷佛身心靈皆在瞬間獲得洗滌。將「淡水天光」形容為喧嘩淡水裡一處靜謐桃花源，絕不為過。

1

淨心茶

茶品成分 ››› 烏龍茶、咸豐草、迷迭香、洋甘菊、金盞花、桂花、荷葉、七葉蘭

品茗味道 ››› 以烏龍茶為基底，添加的迷迭香可以增強活力，強化中樞神經，促進血液循環。另外也佐以洋甘菊、金盞花、桂花、荷葉等，讓其口感更為清香甘滑。這款茶品主要在淨化身心，將多餘的體內雜質排除，讓飲茶的同時能進行心靈與身體的環保。口感較為雅淨清香，適合在午間及晚間飲用。

2

溫心茶

茶品成分 ››› 桂花、紫蘇、牛蒡根、白薑、迷迭香

品茗味道 ››› 「溫心茶」內的桂花，主要功能在於解膩，飲後神清氣爽。亦可幫助消脹氣，減低腸胃不適。白薑可促進血液循環，讓女性減緩經痛，亦可暖胃，亦有減少脹氣功效。紫蘇功能在於解熱、舒緩消化不良、還能幫助改善手腳濕冷的症狀。這款茶品的口感頗為芬芳，晨間晚間皆可飲用。

“

茶是內在心靈的副產品，是對飲者內在能量與價值溫度的預測。

”

3 清心茶

茶品成分 ››› 綠茶、桑葉、枇杷葉、紫蘇、甘草、檸檬草、薄荷、馬鞭草

品茗味道 ››› 以綠茶為基底，枇杷葉的主功用在平氣順肺，可生津止渴。檸檬草健胃利尿，幫助消化。馬鞭草具鎮靜作用，可驅散焦慮，對消化不良者亦有幫助。薄荷除消除疲勞，味覺清涼，也可解除脹氣及腹痛問題。這款茶品能幫助提神醒腦、消除疲勞。由於添加枇杷葉與甘草、檸檬草、薄荷等，口感也頗為甘甜清涼，適宜在晨間飲用。

4 舒心茶

茶品成分 ››› 薰衣草、菩提葉、玫瑰花碎、七葉膽、桂花米、洋甘菊、甘草

品茗味道 ››› 「舒心茶」中的菩提葉，主要功能在放鬆精神，讓情緒安定，幫助抒緩焦躁的心情，也可以解決睡眠困擾。另外也添加薰衣草及攪碎的玫瑰花瓣，都能幫助淨化神寧、舒壓助眠。其他如洋甘菊及甘草，也讓口感較為香甜。適宜在晚間飲用。

5 定心茶

茶品成分 ››› 綠茶、魚腥草、白鶴靈芝草、桑葉、甜茶、人蔘葉

品茗味道 ››› 「定心茶」以綠茶為基底，白鶴靈芝草能夠降火，增強免疫力。魚腥草功能亦類似，更可清熱解毒。再佐以人蔘葉，可生津祛暑，降虛火之功效。這款茶品可安定心靈，舒緩情緒，降低體內壓力。口感較為厚實圓潤，適宜在午間及晚間飲用。

4
5

1
2
3

山山來茶×蔡明穎。自然農法的現代高山茶

採訪、攝影／李麗文　圖片提供／山山來茶

info

官網 ‣ www.shanshancha.com
松菸店
住址 ‣ 台北市信義區菸廠路 88 號 3 樓
（誠品松菸店 3 樓）
電話 ‣ 02-6636-5888 # 1508
（其他門市請上官網查詢）

自然農法的投注力量

「山山來茶」的創辦者蔡明穎，原是做雲端服務的科技人，因喜愛爬山而結交一位在南投種茶的山友王元山，當看到王元山堅持以眾人最不看好的「自然農法」投入茶業的工作，深受其精神感動，遂決定盡自己的力量來協助他。

起初，蔡明穎只是想幫忙王元山把茶銷出去，除了一般的茶行門市銷售，所能想到最直接的管道就是開茶館，如此可讓一般消費者能立即享用到他們的茶，故於二〇一一年正式成立「山山來茶」。而品牌命名由來，也是因為這茶事業源於山，而王元山的名字裡又有山字，也可順便夾有姍姍來遲諧音的趣味含意。

開了茶館後，蔡明穎也決定自己要種茶。即在南投南華山山腰海拔一千四百公尺的茶區租下一片茶園，並與好友一樣，採行「自然農法」，堅持不使用農藥與化學肥料，拒絕對人有害的除草劑等物質，讓茶樹自然地生長。後來也尋覓到名間、竹山、阿里山的育茶師一起合作，他們從種茶到製茶，皆用自己的雙手養育這些茶樹，有別於傳統製茶工廠固定不變的製茶程序，育茶師們根據採收當天的氣候條件與茶葉的生長狀態，調整製茶的每一道工序，感受當下製茶的心境，製成獨一無二的茶葉。

躍上 Fine Dining 舞台

走入山山來茶在深山嶺中的茶園，因沒有刻意修剪的茶樹，採天然野放栽種，不細看會誤以為身處山林中。自然茶講究順應節氣，不施肥、不灑水，一切以雲霧露水滋養，吸收台灣獨有的茶氣。為求健康的土壤，不除草，以增加土壤空隙，幫助茶樹深根，也能保護水土不流失。「喝茶，是喝地氣、喝風土」，這樣的好茶讓台灣米其林一星的 MUME 餐廳也愛不釋手，讓山山來茶的台灣單品茶現身 Fine Dining 餐桌。以台灣自然茶品的天然純粹，傳遞這片土地富饒的風土茶味，適性搭配餐廳嚴選的在地食材，讓用餐體驗在地化。

「山山來茶」以十足的現代風呈現新的茶飲觀感，從品牌上的兩座山形圖案到茶館空間，皆有著簡約且時尚的風格。茶館內裝宛若咖啡館，提供的茶品服務，也會在泡茶的過程也會混入咖啡或酒做為特調茶，讓山山來茶的茶葉不只是茶，更是一種風格獨具的飲品。

a. 茶館內的「茶特調」創意飲品，上層為茶葉冰沙，下層為 Espresso。

b. 蔡明穎身因被好友對自然農法種茶的堅持而感動，投身茶世界。

c.「山山來茶」茶館空間風格簡約時尚。

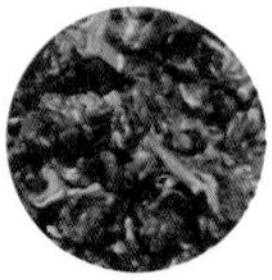

1 山山烏龍 / 清香勾閒情

採集地點 ››› 南投南華山的自家茶園，採用自然農法栽培。

採集時間 ››› 冬季

揉製方式 ››› 以輕度烘焙與輕發酵製作

品茗味道 ››› 有著內斂自然的山林韻味。泡茶時須以 100℃ 沸水沖泡，並用沸水溫壺、溫杯、溫茶海，取 1 公克茶葉搭配約 50cc 的水量沖泡，沖泡時間約 30 至 40 秒，至第四泡起需增加 10 至 15 秒，可依自己喜好調整茶湯濃淡、浸泡時間、茶量等。

2 阿里山手作烏龍 / 萬象翩舞情

採集地點 ››› 嘉義阿里山，採用自然農法栽培，
由育茶師親自手工摘採並製作的手作茶。

採集時間 ››› 春季

揉製方式 ››› 根據採收時的氣候與茶葉狀態，調整製茶的細節，育茶師以春季豐收為靈感製成手作烏龍，產量十分稀少。

品茗味道 ››› 介於輕度與中度發酵，口感細柔，茶湯樸實淡黃，初韻散發花果清香，後韻轉化成蜜甜幽香，口感豐富萬千。泡茶方式與烏龍相同，須以 100℃ 沸水沖泡，並用沸水溫壺、溫杯、溫茶海，取 1 公克茶葉搭配約 50cc 的水量沖泡，沖泡時間約 30 至 40 秒，至第四泡起需增加 10 至 15 秒。

“泡茶不用太過拘謹，用心體會、開心就好。”

3

日月潭紅玉 / 貴氣大方

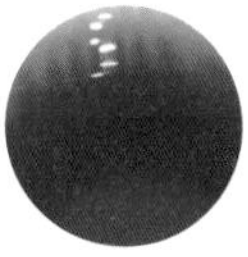

採集地點 ››› 產於南投魚池鄉日月潭，山山來茶的紅玉以自然農法、不灑農藥、不施化肥栽種，產量僅為其他茶園的十分之一。

採集時間 ››› 夏季

揉製方式 ››› 製茶以中烘焙、全發酵製作紅茶

品茗味道 ››› 茶湯明亮鮮紅，帶有淡淡的肉桂香氣是其特色。沖泡時水溫約 85℃至 95℃左右的熱水，1 公克茶葉搭配約 50cc 的水量，浸泡時間約 50 秒，第二泡起每泡茶遞增 10 秒，無須添加糖即有甘甜味。

4

蜜香紅茶 / 甜蜜戀情

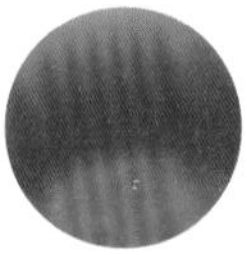

採集地點 ››› 南投縣名間鄉，選自帶有奶香的金萱茶種，採用自然農法栽培製作，天然尚好。

採集時間 ››› 春季

揉製方式 ››› 製茶以中烘焙、全發酵製作紅茶

品茗味道 ››› 當幼嫩葉芽經由蟲咬吸吮後，殘存唾液著涎產生「蜜香」香氣，經由烘焙程序提升蜜味香氣，茶湯橘亮透紅，茶香散發熟蜜香，口感甘甜醇厚。沖泡方式與紅玉相同，水溫約 85℃至 95℃左右的熱水，1 公克茶葉搭配約 50cc 的水量，浸泡時間約 50 秒，第二泡起每泡茶遞增 10 秒，蜜香鮮明，亦不需加糖飲用。

5

日月潭阿薩姆 / 濃厚麥香

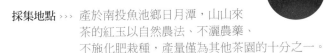

採集地點 ››› 南投魚池鄉日月潭區。

採集時間 ››› 夏季

揉製方式 ››› 製茶以中烘焙、全發酵製作紅茶。

品茗味道 ››› 茶葉呈條索狀，茶湯深紅清透鮮亮，有著濃郁的麥芽香氣。沖泡方式與紅玉、蜜香紅茶相同，水溫約 85℃至 95℃左右的熱水，1 公克茶葉搭配約 50cc 的水量，浸泡時間約 50 秒，第二泡起每泡茶遞增 10 秒。

怡香自然生態茶園×謝元在。
用有機創造茶的新生機

採訪、攝影／麵包樹工作室

info

地址‧南投縣名間鄉三崙村內寮巷 32 號
電話‧049-2582282
官網‧yisiang.myorganic.org.tw
備註‧無對外開放，欲品飲的讀者，請上官網或去電洽詢。

改良耕作方式與土地達到平衡

「怡香自然生態茶園」位於南投縣名間鄉三崙村，園主謝元在世代務農種茶，繼承父業後他也沿襲著慣行農法。一九九七年，謝元在的太太洪慧君懷孕，到茶園幫忙，嗅到濃濃的農藥味，沒想到回家後竟然有流產的跡象，緊急送醫才保住胎兒，農藥的劇毒讓謝元在與洪慧君心生警惕，為了自己、家人和顧客，他們決定改變栽種方式。

當時的有機生產技術還未成熟，身邊與業界也還沒有甚麼人可以請教，尤其初期有機知識缺乏，所製作出的糖醋液不斷失敗，失敗品的發臭滋味甚至沾在手上三天都散不去。停用農藥後，蟲害增加，產量驟減，成茶的外觀泛黃，茶湯香氣薄、滋味淡，原本的顧客大量流失，後在 MAO 和 TOPA 的輔導下，不斷改良耕作方式，只使用經有機農產品驗證單位審查通過的自然資材，並自行製作堆肥和液肥來提供土壤所需要的養分，讓土壤的物理性、化學性和生物性達到平衡。

放任生長　原味再生

如今謝元在的茶園，幾乎採放任式的方式讓茶樹自然生長，在隔離帶區，都會保持兩行的茶樹使其長高形成隔離，並另外再補種一些花草來提供蜜源給茶蟲的天敵。在製茶理念方面，謝元在認為，一杯茶的好壞，就來自於茶樹的管理及後續技術，種出好的茶青，只有成

a 唯有自然農耕、友善土地，才能喝出茶葉最本然的扎實滋味。

b 廠房內隨處可見堆疊而高的製茶用具。

c 謝元在善用生態的平衡來管理茶園。

功一半，後半的關卡，決定於採青時間的拿捏，以及萎凋的程度。「尊重自然，減少人為干預，再遵循古法揉製。就能找回原茶本味。」謝元在說。

創業之初有機概念還不普及，即使栽培和製茶技術紛紛獲得肯定，銷售通路的門檻仍成為「怡香自然生態茶園」最大挑戰，他們以到處展售來慢慢累積客源。過程中也發現自己兩甲多的產量仍無法承接來自國外的大訂單，所以和其他理念相投的茶農組成「名倫有機茶葉產銷班」，獲選為國內十大績優產銷班之一，並期待更多新血投入有機茶的領域。

1 重發酵烏龍

採集地點 ››› 產自名間鄉的「松柏嶺」，在台灣茶業發展史上，松柏嶺是開發極早的茶區，早年被稱為「埔中茶」或「松柏坑茶」。

採集時間 ››› 6 月份，芒種時節

揉製方式 ››› 接近「紅水烏龍」，屬於重發酵、重焙火、且作工複雜的茶品，製作完畢後要收藏 3 年時間才能拿出來喝。

品茗味道 ››› 帶熟果香、果蜜的口感，淡淡的炭焙火味，茶湯為琥珀色，很亮很透徹，微微泛油光，滑順好入口不刺激。

2 鮮醇烏龍

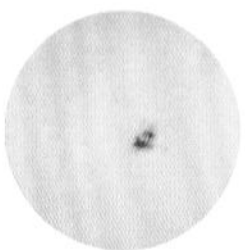
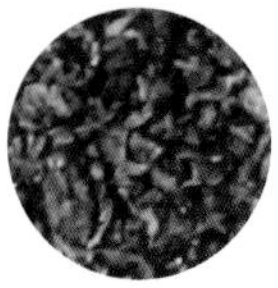

採集地點 ››› 名間鄉「柏栢嶺」

採集時間 ››› 春、冬二季

揉製方式 ››› 以翠玉為主，發酵度 25%，焙火程度為五分火。採自然農法栽培。

品茗味道 ››› 具有濃郁蜜香，入口醇厚、香甜回甘，茶香滑潤喉韻強。翠月茶樹型較大，芽色偏紫，洱毛密度略低，葉片狹長、略大且厚實，葉片的兩端上捲，葉緣鋸齒粗鈍，葉色綠而具有光澤。不易機採，但具有類似野薑花或檳榔花的香氣。

“要喝自己喜歡的茶，不是專家推薦的茶。”

3 蜜香烏龍

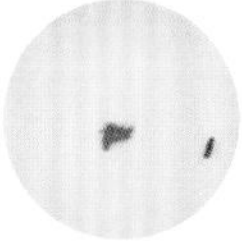

採集地點››› 名間鄉「松栢嶺」

採集時間››› 春、冬二季

揉製方式››› 以四季春為主，屬於重發酵茶葉，焙火程度為五分火。現採新鮮茶芽，以炒菁方式保留住鮮嫩的清新綠葉，經冷卻、揉捻之後再烘乾。

品茗味道››› 茶湯醇厚、沒有苦澀味，喉韻無窮而有蜜甜香。四季春是小葉種茶，有輕微凍頂烏龍茶的韻味，又有別具一格類似東方美人的香氣，加上茶樹品種抗寒性強，很受到消費者青睞。

4 馥郁烏龍

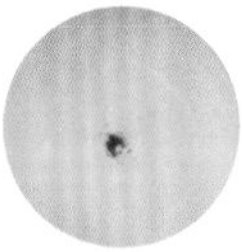

採集地點››› 產自名間鄉的「松柏嶺」

採集時間››› 春、冬二季

揉製方式››› 發酵度 20%，培火程度為一分火。

品茗味道›››「怡香自然生態茶園」以大紅花和隔離網當「綠籬」隔離有機茶園，又在周邊騰出隔離區，廣植自然草生植物，杜絕農藥，改用香茅油、薄荷精等天然物質驅蟲，以自然農法維繫生態平衡，在這樣的環境下，「怡香自然生態茶園」的馥郁烏龍香氣芬芳、宜人不膩，滋味更是醇厚回甘，飲用後齒頰留香。

5 紅玉紅茶

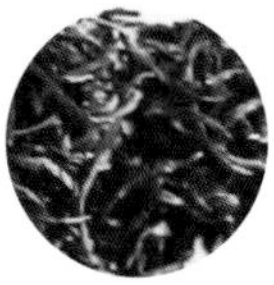

採集地點››› 產自名間鄉的「松柏嶺」，松柏嶺海拔約 400、500 公尺，屬於朝東緩降淺丘台地，雖然海拔略低、平均氣溫稍高，但日照充足、土壤肥沃、雨量豐沛、排水得宜，都為茶樹的生長奠定良好的基礎。

採集時間››› 6 月份

揉製方式››› 全發酵

品茗味道››› 茶湯橙紅明亮帶有薄荷微肉桂香，滋味醇厚鮮爽。發酵程度重，降低紅茶的收斂性，沒有一般紅茶的苦澀味，不需加糖加奶。

定石野茶×高定石。古法製茶的野味歲月

撰文／蔡蜜綺　攝影／蔡春義

info

地址‧新北市石碇區烏塗里橫坪路 6 號
電話‧0953-827-028
時間‧採預約制
FB 網址‧高定石

地老天荒的恆久茶味

走進高定石的野放茶園前，得先攀爬被蔓草盤繞的陡峭小徑，有別於印象裡修剪整齊的茶園風光，這裡茶樹可能都比一般人的個頭來得更高，底下盡都是蕨類自然地與茶樹共生。為少掉人為的干擾，春茶採完後茶園才會除草，以保持茶的純淨度。將除下來的雜草，平均堆置茶園四處讓它養分均勻，看似無為，卻是順應天、地去施行自然野放工法。因自然放養下豐富的腐質層、有機質讓這片土地的生態和土壤都很好，長出來的茶當然有著更厚又耐泡的葉子；一般的茶種都不耐泡，定石野茶的卻是可以一泡再泡，讚稱：「定石野茶的每一味茶，都可以泡到地老天荒、天荒地老。」

雖然從小也跟著父親的製茶軌跡學習，但高定石在服完兵役後，如同一般的年輕人在時代的趨勢下，到台北都會去學習與打拚事業。在自己三十歲之際，辛勤的父親竟因癌症過世，讓他深刻體悟到農作恐怖的後遺症，不管是施作化學肥還是農藥，首先傷害的一定是農人自身，同時當然也對農地、生態產生不好的影響。高定石在父親辭世後決定接手茶園，立志從荒廢掉的茶園再重新開墾出來，並尋求野放農法方式種茶。

「我做本分的事情，把一切都奉獻給茶，同時茶也回饋給我一切，茶讓我找到自己的安頓。」不與他人相同，從種茶、製茶到沖泡茶都有自己一套獨門方法，高定石

a 高定石的茶園完全不施放肥料或農藥，完全採行與自然共存的農耕法。
b 以炭火慢燒沖泡出的茶滋味，如同高定石清、淨、定、慢的如實生活。

經過二十多年來的努力，現在生活漫溢著茶情，清、淨、定、慢將茶如實內化在生活裡。

古法製茶　沖泡亙久遠

所有的技術與品種都是來自閩南老家，高氏祖先在清朝中期時從中國茶都安溪移民來台，最終找到石碇這塊擁有良好地質環境的土地來種茶，這麼落腳就是百餘年過去。尊崇祖字輩古法製茶，為了堅持製茶這條路，用歲月、溫柔去呵護茶，彷彿成為高家人代代相傳的使命。努力不一定會立即有成果，在第一年及第十二年時，前後賣掉在木柵的兩間房子來維持理想，許多朋友都看不過去都笑他傻。經歷了那麼多的過程後，告訴自己：「在傳承的地方做傳承的事情，就是要想辦法做到好。」

環境自然，一年四季都有甲蟲、蛙、螢火蟲、人面蜘蛛、小綠葉蟬出沒。現摘一片茶葉入口咀嚼，果香、蜜香、甜香味道稠潤，淡雅香氣環繞並包覆在口、鼻腔間，綿延久久。搭配祖字輩傳承下來的製茶方法，堅持手工慢慢的摘採、日光萎凋、手工浪菁、鐵鍋手炒、手工揉捻、龍眼木炭焙，無法簡化的工序下就會催化出自然的野蜂蜜香、蘭花香、果香。高定石驕傲地說：「這片高家茶園因為天、地、人的完美搭配，做出來的茶都是頂級的，定石野茶就是個人對茶的藝術表現。」

1 定美

採集時間 ››› 端午前後

揉製方式 ››› 品種為黑面、青心大冇、青心烏龍慢種。日光萎凋的時間長，日曬及蔭涼之間，來回相當耗工，且鐵鍋翻炒時，因嫩芽須以經驗細火慢炒。

品茗味道 ››› 茶湯沖泡第一次以攝氏45℃溫水輕柔注水，之後沖泡再逐次增高水溫度。茶湯呈金黃色的色澤，香氣呈現野蜂蜜香，果香，蘭花香，肉桂香，薄荷香……等，入喉後餘韻十足，茶湯久綿長。

2 萬秀

採集時間 ››› 春、冬

揉製方式 ››› 「萬秀」之名乃是高定石以父母名中各取一字得來。此茶在乾燥完後還需要再炭焙，使水分再焙乾一些，所以沖泡過後會流露出蜜香、蔗糖香，還有輕一點的蘭花香及甜香。「萬秀」以慢種及青心烏龍為主，因為是古法鐵鍋炒青，葉子較老及大片，需要高溫才能炒熟，所以發酵會比較重，適合選用70℃～80℃之間的熱水做沖泡，使其浸潤出茶品的甘甜清雅。

品茗味道 ››› 「萬秀」以慢種及青心烏龍為主，建議在品飲時，從攝氏80℃開始，再逐泡將溫度提高，使其浸潤出茶湯的甘甜清雅，有豐富及厚實的蜜香、蔗糖香，花香及甜香，且香氣及滋味持久，口齒留香鮮明，在說話當中口腔內的滋味及香氣另有不同的變化。茶湯雖低溫，但使人有溫暖、放鬆自在之感，反而在喝茶後，會產生想睡覺的念頭。

“每一杯茶都要慢慢喝，以體驗每一杯的餘韻。”

3 紅玫

採集時間 ››› 清明後

揉製方式 ››› 由於使用自然農法，工序跟發酵完整，它的靜置時間必須要很長，而且得經過五次的靜置、讓青等輪番工序，每一步驟其實都很耗時間，才能換取較高的品質。

品茗味道 ››› 大部分是青心烏龍、大冇、蒔茶（老品種，其他茶區比較少見）茶湯有龍眼香、果香、焦糖香、木質香及玫瑰香…等甜潤厚實的香氣，茶色如紅酒般的色潤。

4 交泰

採集時間 ››› 春

揉製方式 ››› 一般綠茶是沒有發酵的，微帶苦澀又不耐泡，然而「交泰」這款綠茶使用黑面品種，有做些許發酵，所以茶湯是碧綠色。

品茗味道 ››› 使用黑面品種，輕發酵，茶湯是黃綠色，由於茶園土地都有風化石及黃泥沙礫成分，故而茶湯會帶有岩韻。有苔香、豆香、果香、蜜蘭花香，每泡可到 10 泡以上，而且每每回甘生津、細稠潤雅。建議在品飲時，從攝氏 70℃開始，再逐泡將溫度提高，因低溫的茶湯較能保有維生素及微量元素，且呈現茶湯的最初滋味與香氣。

5 高祖

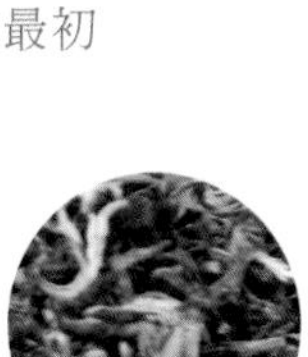

揉製方式 ››› 焙火是把茶精緻化和細緻化的功夫，也是個人底蘊的累積，很多茶商會去買別人的茶回來再焙，讓滋味和香氣產生不一樣的變化。老茶也是如此，有的放了幾十年，喝起來都是焙火味，就喝不到歲月的痕跡。

品茗味道 ››› 「高祖」為高家祖先留下來歷時約 20 多年的老茶。老茶就跟耆者一樣，具有底蘊的，「高祖」老茶，乃是將「交泰」、「紅玫」、「萬秀」、「定美」等 4 款茶為基底存放數年而成，其香氣底蘊及風韻各自不同，並呈現每款茶經過時間轉化的滋味。

4
5

1
2
3

山里日紅×洪誌陽。
對得起阿里山的台灣茶

採訪／麵包樹工作室　攝影／林佑璁　圖片提供／山里日紅

info

地址▸台南市歸仁區民生六街 31 號
電話▸06-239-6858
官網▸www.sunriserepot.com
備註▸地址為辦公室，對茶品有興趣者請至官網查詢，或可來電詢問。

茶葉，若沒了文化，只是一片葉子

山里日紅的創辦人洪誌陽，多年前留學美國，歸國後一直在思考，真正只屬於台灣的是什麼？後來，喝到製茶師的茶，才發現，台灣的驕傲，就是來自於小小的一片不起眼的茶葉。台灣其實有傲視全球的精良製茶技術，以及先天的海島氣候優勢，自海拔400公尺起，不同的土壤、不同的雨水量、溫度、陽光、風、河川與溪流，使這塊土地發展出茶葉的萬千姿態，令許多愛茶的外國人都愛不釋手，無論是低海拔的豔麗、熱情的花香，又或是高海拔特有的冷礦味與杉樹香，幾乎可以想像茶於雲霧之間、茶於陽光之間的美麗模樣。

這樣的奢侈，洪誌陽想讓更多人知道，於是與製茶師共同合作，創辦了「山里日紅」品牌，專注於打造台灣阿里山單一產區的茶種培育，所有山里日紅的莊園級茶葉，全來自於茶葉職人的一雙手。宛如品牌名字的依存，洪誌陽將所有的牽掛都給了阿里山茶，他認為只有阿里山的風土、地貌與氣候，才能成就出最甘醇的茶葉。全茶葉產品皆來自大阿里山茶區，從「栽種、手採、製茶、焙茶」以及全產品實施人工撿枝（此步驟僅於比賽茶使用），到包裝、銷售皆由山里日紅一手打造，給飲茶人乾淨且透明的茶履歷。

b

a

d

c

特色標裝推向國際

洪誌陽認為：「台灣茶必須當作藝術品來製作。」台灣面積小，茶區有限，好的茶區又更加稀罕，「我們很注重茶葉的製作過程，及茶湯所呈現出的細微滋味和變化。不只如此，在包裝等視覺上也需要下功夫，才能將台灣茶推向國際。」

山里日紅的茶葉包裝因此分成雲舞茗品系列、台灣新景系列及雲舞茗品系列禮盒三個部分。「雲舞茗品系列」的茶罐以深黝神秘的黑色為底，上頭燙印富麗靈動的金色幾何圖形，分別代表「群山、日出、雲海」——阿里山的招牌景致。這一款設計從經典中萃取意象，表達飲茶也品生活的自在態度，簡單雋永，自然流露禪意氣韻和給顧客的專屬尊榮感。「台灣新景系列」將紅、綠、藍作為各茶品的主視覺色調，帶入台灣的特殊意象、人文和地景，如台北101、小火車等，蘊阿里山沉著內斂的氣度於包裝之內。「雲舞茗品系列禮盒」則整合西方美學和東方哲思，用象形文字、複合媒材的形式呈現「山」的形象。

a. 山里日紅將茶視為藝術品，每個茶葉包裝都有其視覺設計的新意。

b. 台灣新景系列包裝萃取台灣經典文化意象，轉化為設計元素符碼。

c. 雲舞茗品系列禮盒，運用象形文字描摹實物形體的手法，將「山」的意象以複合媒材的設計形式呈現。

d. 其甘醇的茶湯滋味，來自於對阿里山的所有牽掛與敬意。

1 阿里山雲舞烏龍

採集地點 ››› 大阿里山茶區海拔 1,200 到 1,700 公尺，高山氣候涼冷，平均日照短，降低茶樹芽葉的兒茶素類等苦澀成分，芽葉柔嫩，厚度飽滿，果膠質含量高。且雲霧終日穿梭於茶樹間，使茶樹充分汲取特有的山頭氣，成就出無窮回甘滋味。

採集時間 ››› 產季為春冬兩季。

揉製方式 ››› 屬 20% ～ 25% 的輕發酵茶系，半球形茶葉，脾性溫和。

品茗味道 ››› 茶湯青翠蜜綠，入喉甘醇淡雅。對山里日紅而言，唯有阿里山的地貌、風土、氣候才能精雕細琢出此等典藏代表。

2 阿里山雲龍炭焙烏龍

採集地點 ››› 同「阿里山雲舞烏龍」。

採集時間 ››› 產季為春冬兩季。

揉製方式 ››› 屬 20% ～ 25% 的輕發酵茶系，半球形茶葉，並多了一道炭焙的工序。

品茗味道 ››› 阿里山烏龍茶是台灣茶葉的代表，因為阿里山高山氣候冷涼，終年雲霧繚繞，生產出的烏龍茶不同於一般茶葉，茶湯清翠蜜綠，入喉後甘醇淡雅，口感溫潤不苦澀，喉韻渾厚入口生津，並散發著自然焙火香氣。

“讓心靈停頓留白，以陶醉於茶香芬芳。”

3 阿里山雲品金萱

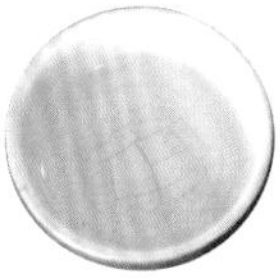
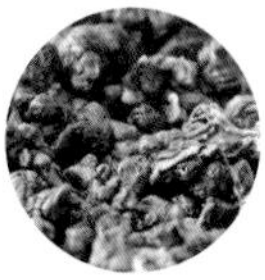

採集地點 ››› 同「阿里山雲舞烏龍」。

採集時間 ››› 產季為春冬兩季。

揉製方式 ››› 屬 20% ～ 25% 的輕發酵茶系，半球形茶葉。

品茗味道 ››› 因日照充足、日夜溫差大，使得茶葉柔嫩、飽滿厚實。保留茶葉原味，沒有人工添加物多餘的參與，啜飲之間，散發自然醇潤香氣，帶有淡淡天然奶香味，入口後齒頰留香不生澀。

4 阿里山雲品炭焙金萱

採集地點 ››› 同「阿里山雲舞烏龍」。

採集時間 ››› 產季為春冬兩季。

揉製方式 ››› 屬 20% ～ 25% 的輕發酵茶系，半球形茶葉，並多了一道炭焙的工序。

品茗味道 ››› 輕發酵茶系，茶葉柔嫩、飽滿厚實。保留茶葉原味的輕烘培，沒有人工添加物多餘的參與，啜飲之間，散發自然醇潤香氣，茶香中帶有淡淡天然奶香味，淡淡清香隱隱留於舌尖，久久不散，並散發著自然焙火香氣。

5 阿里山雲映紅茶

採集地點 ››› 同「阿里山雲舞烏龍」。

採集時間 ››› 產季為夏季。

揉製方式 ››› 屬於百分之百全發酵茶系，半球形紅茶葉，除了指尖撫觸採摘的拿捏，更須經過日光攤晒萎凋的時序衡量，及不斷重複著揉捻、發酵與乾燥等繁複又細膩的過程。歷經 6 年漫長摸索，掌握每一道製茶工序，層層把關，不假他人，終於發展出半球形條狀茶體。

品茗味道 ››› 口感甘美芬芳，有如美酒佳釀，茶湯水色透著橙紅瑩亮，並在久泡下仍不會感到苦澀。

臻味茶苑╳呂禮臻。

節氣製茶的最高臻味

採訪、攝影／李麗文

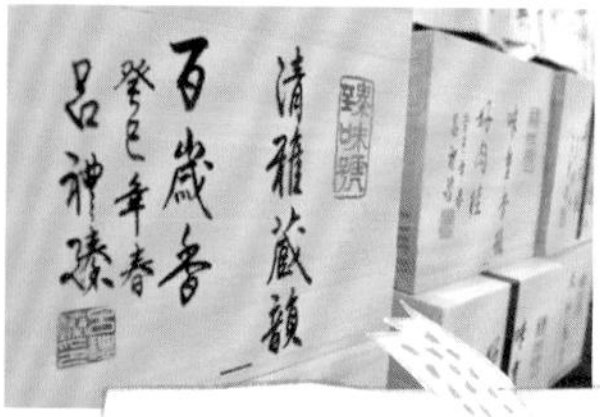

info

官網‣www.chen-wey.com.tw
迪化店
住址‣台北市迪化街一段 156 號
電話‣02-2557-5333

「臻味茶苑」位於人來人往的迪化街，這條長長的老街屋，過去可是商業雲集之地。茶苑設在逾一百五十年歷史的林家祖厝，這棟建於清朝的閩南建築，是迪化街第一間街屋，原有五進，茶苑設在第一進，第二進、第三進則是屋主林家民宅，第四進、第五進則由於過去大稻埕碼頭一直向外推進，早已畫分為市街的一部分。呂禮臻設於鶯歌老街的總店通常是為了將茶方便批發送至海外，他一直想設個直接對消費者的門市，在一次機緣下，他看到這間迪化街老屋，喜歡上這裡，便決定開設門市。

留著霜白鬍子的呂禮臻從一九八〇年起，在鶯歌老街上開設茶行已有三十餘年，茶行取名「臻味茶苑」，除了自己名字中「臻」字外，也有「真實之味」的意思在裡面。呂禮臻提到，七〇年代台灣外銷茶葉受阻，許多的茶行轉而做起內銷市場，也開啟了茶行的戰國時代。到了經濟發展快速的八〇、九〇年代，更多提供休閒場所的茶藝館興起，也帶動台灣人喝好茶的趨勢。

依節氣採茶　真味自然

呂禮臻採茶講究節氣，尊重茶樹、跟著大自然的脈動運作，從不因商業效益而急於提前採收。以東方美人茶為例，像是啃食茶葉的小綠葉蟬，會隨著節氣不同而增減數量，即使數量太多，也會成為鳥類最大的食物來

a 迪化店的空間古色古香，進來逛逛了解一下古厝歷史也很不錯。

b 陶藝家李永生所製作的陶壺。

c 紅光滿面有著白髮白鬍的呂禮臻，積極推廣台灣茶。

源，因此也不用特地農藥破壞，反而造就健康的土質，茶園本身就是一個生態系。也因此，這樣採集製出來的茶，才能完全具備所有的真味。

呂禮臻認為，喝茶是件幸福的事，在與家人、好友一起喝茶互動的過程中，可感受奉茶者的善意與受茶者的禮儀，點點滴滴，都是幸福茶的元素。為了推廣台灣茶做為生活性飲料，每年呂禮臻幾乎都會參與「幸福元素台灣茶」活動，與國際間茶愛好者分享茶藝、好茶事，為茶界盡一分力量。他也因此將台灣茶名聲在海外拓展開來，有不少國際茶商都特地前來「臻味茶苑」找茶，這也是為什麼他最初將茶苑設在鶯歌的原因，離國際機場不遠，客戶下單，集貨後隨時可以出貨。

百年老屋的茶香餘韻

迪化街的茶苑是整修後的古蹟空間，平日有對外開放導覽，茶苑空間寬敞，擺設了許多呂禮臻收集的老物件，像是老中藥櫃、挑茶攤的櫃子、燒水的炭爐……等，另外還有一些老瓷器老碟、茶碗則可讓客人選購。位在小閣樓的塌塌米空間，在過去是商家推放貨物之處，現則做為茶苑舉辦茶會等活動的空間，整體而言，在瀰漫著茶香的懷舊氛圍下，喝杯好茶，感覺特別有味道，來到迪化街時，不妨繞進來逛逛。

好茶
無藏

1 傳統烏龍茶 / 自然鮮甜味

採集地點 ››› 南投縣梨山

採集時間 ››› 春

揉製方式 ››› 以傳統技法製作的烏龍茶，茶乾淡褐色緊實半球狀。由於茶葉選摘小綠葉蟬咬食過的，製茶後帶有天然的甘甜味，此茶烘焙較一般烏龍茶重，可存放，若保存良好，5 年後風味更佳。

品茗味道 ››› 沖泡時以 100℃熱水沖泡，約 40 秒倒出，茶湯呈淺琥珀色，清澈透亮，熟果香及堅果香氣。

2 梨山烏龍茶（清香型）/ 優雅花香味

採集地點 >>> 南投縣梨山

採集時間 >>> 冬茶

揉製方式 >>> 茶乾呈黃綠色緊實半球狀，輕發酵中烘焙。

品茗味道 >>> 沖泡時以 100℃熱水沖泡，約 40 秒倒出，可見杯中顯現茶蕾造型，葉底柔軟，香氣清香持久，帶有淡淡的桂花香氣，茶湯淡黃綠色明亮見底，回甘味足，十分耐泡，可沖上十幾回。是年輕人與女性族群最青睞的茶種之一。

4 正欉鐵觀音 / 高度熟果香

採集地點 ››› 木柵茶園

採集時間 ››› 春

揉製方式 ››› 重發酵、重焙火的傳統作法，且茶葉因長時間布包而有輕微的二度發酵，讓香氣由花香轉成花果香。

品茗味道 ››› 正欉鐵觀音與安溪鐵觀音類似，但茶乾較一般茶沉重，枝梗也較胖短，屬半發酵茶。沖泡時以 100℃熱水沖泡，約 40 秒倒出，茶湯呈厚實的琥珀色，有高度的熟果香氣，口感柔順圓潤。

5 烏龍老茶 / 黑色金鑽

採集地點 ››› 苗栗北埔茶區

採集時間 ››› 此為 1916 年烏龍茶之比賽茶，收購時乃木箱包裝，保存狀良好，且百年的茶品，茶的香氣與甘甜俱在，為十分難得之珍品。

揉製方式 ››› 傳統烏龍茶製法，烘焙較一般烏龍茶重，可保存較長的時間。

品茗味道 ››› 沖泡時以 100℃熱水沖泡，約 40 秒倒出，茶湯色呈現透亮的咖啡色，具中藥草香味，微微涼感，有如薄荷，越喝越順口，可沖泡 20 至 30 次。

“

只要是自己泡的，都是好茶。

”

臺灣伍中行×吳傑熙。以歷史發酵的老茶故事

採訪、攝影／李麗文

〔台灣伍中行提供〕

info

官網‧www.wuchunghang.com
住址‧台北市大安區潮州街 109 號
電話‧02-2392-6388

百年老茶的時尚風華

一九四五年日本從台灣撤退，使得「臺灣伍中行」誕生了。這是一個大時代背景下最常見的故事，前身是日本西村商社分駐基隆、台北、台中、台南、高雄設店，經營南北貨、奶粉、清酒、茶葉等，可說是台灣最早的連鎖商店，因日本人撤離台灣，西村商社轉由五家分店的華人店長一同經營，改名「臺灣伍中行」，直譯就是「五個中國人開的店」，從此延續老店的百年歷史。

「臺灣伍中行」原設在衡陽街，這一帶是當時台北最繁華的地段，有「台北銀座」之稱，第三代吳傑熙為了重新整合百年老字號，從台灣茶文化再出發，特別選擇在文教區潮州街上的老房子打造新的「臺灣伍中行」，把台灣的茶米文化推向國際舞台。

接手之後，吳傑熙在整理新竹倉庫時發現滿倉的茶葉，引發他將這些將近六十年歷史的茶葉再次推上市場，於是，潮州街的店面即是吳傑熙以「茶」做為經營重心的新出發點。將近超過一甲子年份的老茶，在當年的製程屬於蔭花香，另一批在新竹館的茶則較類似於蔭樹蘭花香，而蔭花香的重點在於防止茶葉氧化。後由於戰事影響，百廢待興，大多數的人買不起、也喝不起茶，這些茶只得在時代的宿命下，被鎖進倉庫裡。也讓這些經歷政權交替、日軍撤退、國民黨撤退到台灣的歷史年代的茶，有了更深的收藏價值與歷史回憶。

a 以收藏的老物件打造伍中行人文空間。〔台灣伍中行提供〕

b 吳傑熙也喜歡嘗試不同的泡茶方式，他就有用煮咖啡的虹吸式壺具來煮老茶，覺得更能把老茶不好的陳味去除，且細碎的茶葉也不會塞住壺口。

c 1944 年的芎林老茶，是行家收藏的珍品。

老時尚新藝術的茶香空間

主修藝術與建築的吳傑熙刻意以不平整的壁面帶出樸實無華的調性，並且以厚實的原木打造大門、櫃台、長桌等，空間陳設他長期蒐羅的老物件，如老收音機、老木櫃、老電風扇、老陶甕等，加上不少茶甕與藏茶的木盒，增添老字號濃厚的文化底蘊。

看似純然古物的收藏空間，走進此處，卻完全不會感到那麼的「老」。吳傑熙結合茶香、音樂與藝術，重新塑造伍中行的新風貌。在這裡，可看到民初的茶罐子旁，擺著一套新穎時尚的音響設備，當音樂自真空管裡流洩而出，茶飲客們彷彿喝進了一世紀的茶香記憶。

1 1949 年白毫烏龍 / 越陳越香

採集地點 ››› 新竹北鋪

採集時間 ››› 1948–1949 年

揉製方式 ››› 屬半發酵輕烘焙的茶種

品茗味道 ››› 剛製成的茶葉，外觀綠、黃、紅、褐、白相間，五彩繽紛是其特色，泡出來的茶湯橙紅明亮，滋味溫和甜滑有熟果香。而 1949 年白毫烏龍因存放達 70 年之久，茶葉轉為不同層次的褐色，茶湯亦為暗褐色，喝來口感微甜中帶青草茶味，沖泡時以 100℃之熱水沖泡，約 1 分鐘後倒出，老茶口感獨特，第二泡的風味較佳。

2 50 年代老茶 / 先苦後甘

採集地點 ››› 原產於新竹茶區製作的烏龍茶

採集時間 ››› 約於 50 年代存放至今

揉製方式 ››› 半發酵中烘焙

品茗味道 ››› 沖泡時以 100℃之熱水沖泡，約 1 分鐘後倒出，第二泡以 100℃之熱水沖泡，與第一泡混合，茶湯呈琥珀色，口感帶有微微的仙草茶味，先苦後甘，最後留下甘甜的喉韻。

3 30年代老綠茶 / 如藥草香

採集地點 ››› 新竹

揉製方式 ››› 當時製作綠茶仍以日本人喜好為主，為研磨綠茶。

品茗味道 ››› 選擇茶具可選能過濾茶葉的茶壺沖泡。沖泡時以 100℃之熱水沖泡，約 1 分鐘後倒出，茶湯呈濃黑色，口感更似中藥有青草茶味，不妨多次沖泡，試出最喜愛的口感。

4

1944 年芎林老茶 / 見證年代風霜

採集地點 ››› 新竹

採集時間 ››› 1944 年

揉製方式 ››› 1944 年正值日本與國民政府政權交替，市面經濟混亂，產於芎林的烏龍茶因而滯銷保存下來，此時製作的烏龍茶為蔭樹蘭花香，此為防止茶葉氧化一項技術，也因這一批的陳年老烏龍，從製程、保存、茶齡皆為上乘之作，在目前市場上看俏，常在出現國際拍賣會，是行家收藏的珍品。

品茗味道 ››› 沖泡時以 100℃之熱水沖泡，約 1 分鐘後倒出，茶湯呈咖啡色，清澈無倉味，口感滑順，帶有一點樹蘭花香味，若是泡得濃厚，底蘊有近似 Espresso 的深沉口感，從微苦轉為微甘。

5 1949 年茉莉花茶 / 清香參味

採集地點 ››› 台北文山

採集時間 ››› 1948 年

揉製方式 ››› 早在 1873 年清同治年間，台灣即開始將茉莉花等香花加入烏龍茶中，開始薰花茶的加工，在當時有「台灣包花茶」之稱。

品茗味道 ››› 原茉莉花茶適合當季沖泡飲用，才能品到茉莉花香的芬芳優雅，若是當季原茶，茶湯清澈黃綠而花香濃，不過存放 70 年的茉莉花茶，沖泡時以 100℃之熱水沖泡，約 1 分鐘後倒出，茶湯則呈深琥珀色，無鮮明的花香，口感則出現了人參味，十分奇妙。

“喝茶是主觀的，
只要自我感覺好喝，就是好茶。”

有記名茶×王聖鈞。炭焙茶味的歷史記憶

採訪／chienwei wang　攝影／Adward

info

地址▸台北市重慶北路二段64巷26號（朝陽茶葉公園旁）

電話▸02-25559164

網址▸www.wangtea.com.tw

炭火慢焙　毛茶變好茶

台北市大稻埕最風光時期曾聚集超過二百間的茶行，如今僅存的茶行當中，尤以具百年歷史的「有記名茶」最引人注目。一八九〇年從福建安溪跨海來台經營的「有記名茶」，就位在大稻埕一棟爬有綠色藤蔓的閩洋式老建築中，這個建於日據時代的兩層樓紅磚建築，還保留著古老的「傳統炭焙窟」廠房，經過漫長歲月的洗禮，整體傳遞古意盎然的樸實氛圍。

「精緻茶」是一門有記傳承百年的絕活，白話解釋就是「將毛茶加工」。茶農將採下的葉子經過萎凋、殺青、揉捻與初步烘乾等過程後，就成了「毛茶」，但由於規格不一，品質良莠不齊，喝了會容易使人感到不適。故「有記名茶」將進到店裡的毛茶，進行分級檢測、篩揀剔除的把關，再使用廠房內將近有九十多年歷史的焙籠和焙窟，以炭火慢焙的方式來提高茶韻，並延長茶葉的保存時間。

時尚轉型　傳統新創意

走進這棟百年歷史的紅磚老建築大廳內，會先看到一面大大刻有「有記名茶」的黑底金字匾額，就懸掛在古意盎然的木門窗櫺上方；空間中坐落著多個用來隔間的茶櫃，上頭擺放各式各樣的茶葉商品和精緻茶具組合，櫃子周圍則擺放供客人品茶用的中國式桌椅茶几，古色

a「揀茶區」隨處可見到傳統的茶葉耙子、篩盤、揀梗機、風選機……等古老器具。

b 這裡也是一座微型的茶業博物館，最大的特色在於茶館後方傳統的「炭焙窟」，至今仍在使用。

c「有記名茶」擺有各式各樣的精緻茶具組合，或是以茶具作為空間擺飾，古色古香的韻味，十分引人入勝。

古香的空間韻味，十分引人入勝。

「有記名茶」傳到今日，接手的已是第五代傳人 Jason（王聖鈞）。對 Jason 來說，由於自小家中就賣茶，在耳濡目染之下，對於茶葉自然有著深厚的情感。但真正了解茶的奧祕卻是回家接手後，跟著父親一起從頭學起。「回來做應該是出自一種使命感，其實茶是我們生活的一部份，我想讓更多年輕人認識茶葉，加上老店不能一直老下去，要在傳統之中添加新的元素！」

因為父親放手讓年輕人實驗，Jason 和姊姊、姊夫也大玩創意，無論是茶葉的網路行銷、百貨公司設櫃，到明亮富設計感的茶葉罐包裝，一應俱全，也替這個有著百年歷史的老品牌，注入了新的活力與創意。

你還會不時看到日本或歐美觀光客穿梭在茶行之中，原來這裡也是一座微型的茶業博物館。Jason 說，這座仍保留閩式木頭樑柱結構的茶葉廠房，平時也開放給外界做人文導覽或茶葉教學活動，當然，最大的特色還是在於屋後方的傳統「炭焙窟」，一整排古老的「焙籠」至今仍在使用；而「揀茶區」中隨處可見的茶葉竹籃、篩盤、揀梗機、風選機……等古老器具，都一一見證著這座有著一百年歷史的茶行。

1 文山包種茶

採集地點 ››› 北部坪林

揉製方式 ››› 經過 10% 輕發酵、輕焙火的茶葉，茶菁呈現條索狀，外形俐落。

品茗味道 ››› 時間建議可依次遞減為 35 秒、45 秒、60 秒、120 秒。Jason 指出，沖泡後的文山包種茶茶湯呈金黃透綠色，非常好看，還會散發著一陣陣飄逸的自然花香味。而飲用後的口感則相當清香甘甜、細膩優雅。這款茶葉建議使用瓷器或玻璃茶具沖泡，氣味優雅芬芳，適合女性飲用。

2 高山烏龍茶

採集地點 ››› 海拔 1,200 公尺以上的高海拔山區

揉製方式 ››› 經過 20% 輕發酵、輕焙火的茶葉，茶菁呈現球狀，外形緊結。

品茗味道 ››› 飲用時建議置入約 1/4 到 1/5 的茶量，並使用 90℃至 100℃的水溫沖泡。第一泡時間 60 秒，可沖泡 5 至 6 次，時間建議可依次遞減為 35 秒、45 秒、60 秒、120 秒。高山烏龍茶的茶湯呈金黃明亮色澤，沖泡時如置身在滿布茶香的山林雅境，並可聞到濃濃的花果香氣。飲用時滋味柔和但十分飽滿，香韻兼具。這款茶葉建議使用瓷器或玻璃茶具沖泡，口感和諧，適合大多數人們飲用。

“

時尚人文，百年茶韻。

”

3 奇種烏龍茶

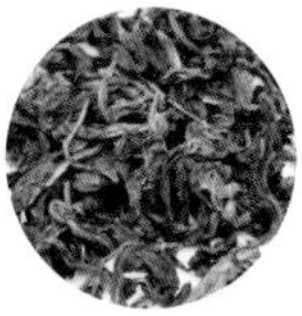

採集地點 ››› 有記名茶的獨門茶品，選自北部坪林的文山包種茶。

揉製方式 ››› 有記採家傳岩茶炭焙火工藝，融入現代口感，是 10% 輕發酵、中焙火的條索狀茶葉。

品茗味道 ››› 建議飲用時置入 1/2 的茶量，並使用 90℃至 95℃的水溫沖泡。第一泡時間 60 秒，可沖泡 5 至 6 次，時間建議可依次遞減為 35 秒、45 秒、60 秒、120 秒。沖泡後的茶湯黃潤如蜜，散發出多層次的香氣，且溫和耐泡，飲用時滋味帶有甘甜果香滋味，滋味醇厚富有木炭香氣，建議使用陶器茶具沖泡，適合喜歡回乾強、重口味的老茶客飲用。

4 正欉鐵觀音

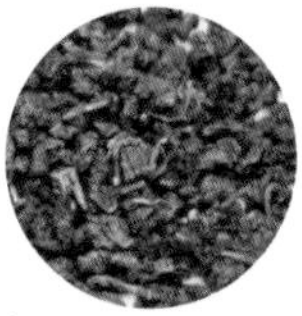

採集地點 ››› 源自福建安溪，種植於木柵山區

揉製方式 ››› 經過 30% 輕發酵、重焙火的黝紅微卷半球狀茶葉，焙重而不火。

品茗味道 ››› 建議飲用時置入 1/4 ～ 1/5 的茶量，並使用 90℃至 100℃的水溫沖泡。第一泡時間 60 秒，可沖泡 5 至 6 次，時間建議可依次遞減為 35 秒、45 秒、60 秒、120 秒。沖泡後的茶湯澄亮如琥珀，味道香沉帶有蘭桂香氣，飲入後口感滋味醇厚，微澀帶甘，韻熟卻無焦味，還有一絲絲的果酸清香，回甘悠長。

5 紅玉紅茶

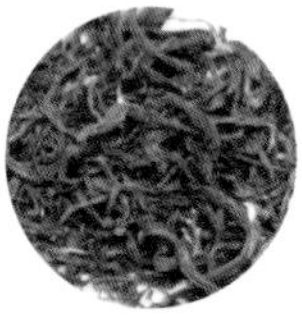

採集地點 ››› 由台灣改良場孕育

揉製方式 ››› 100% 全發酵、輕焙火的條型製法

品茗味道 ››› 飲用時建議置入 1/4 ～ 1/5 的茶量，並使用 90℃至 95℃的水溫沖泡。第一泡時間 20 秒，可沖泡 5 至 6 次，時間建議可依次遞減為 20 秒、30 秒、40 秒、110 秒。沖泡後的紅玉紅茶，茶湯紅郁，散發著如薄荷般微微甘甜的香氣，飲用時，口感涼爽，入口有薄荷跟肉桂的滋味，茶湯滑順，回韻帶有特殊甘甜香氣，建議使用瓷器或玻璃茶具沖泡，適合所有喜歡紅茶的人。

4
5

1
2
3

竹里館×黃浩然。深入茶山找出正統風味

採訪／周培文　攝影／PJ

info

官網‣www.istea.com.tw

地址‣台北市民生東路三段 113 巷 6 弄 15 號

電話‣02- 2717-1455

找回原味 回歸初心

一九九六年成立的「竹里館」，最根本的理念，是焙製精緻好喝的茶葉，店內每一款茶品都由黃浩然親自監製，並開設有相關的課程讓大家有機會瞭解好茶、品好茶。因此「竹里館」內有自己的製茶所，烘焙器具一應俱全，大門口也以「台北製茶所」做為招牌，而不只強調茶館屬性。

愛茶而學茶、焙茶的黃浩然認為，台灣的烏龍茶從九〇年代開始，品質及工序漸漸地脫離傳統製法。「烏龍茶綠茶化」幾乎變成主流。發酵不足，烘焙不到位，只為了保留茶的「水香」而犧牲了台灣烏龍茶特有的風味——「香醇回甘，久浸耐泡」。有感於此，他深入茶山與茶農直接面對面地討論，逐漸說服一些有心茶農願意配合，製作出道地傳統口味的烏龍茶，再配合館內老師傅的烘焙，保留了正統台灣茶的味道。因此，在竹里館經常聽到的一句話是「好茶隨便泡都好喝，只是濃度不同而已」，雖然某些人或許不同意這樣的論調，但就茶的品鑑而言，倒不失為另一種試茶的方法。

台灣茶的金字塔學

學習企管行銷的黃浩然用金字塔理論分析台灣茶產業，他認為台灣的茶文化產業分為三個層次，一般普羅大眾接受的是「茶技」，也就是根據自己的喜好或價位

來買茶。再來是「茶」，對茶葉有點了解的人，開始學泡功夫茶，重視的是泡茶的技術與茶湯的表現。再往上提昇則是「茶道」，追求的是身心靈的「靈」層次。

黃浩然表示，「竹里館」目前主要推動的就是「生活茶道」的觀念，並以品牌推廣導向為出發，開立「茶文化創意學院」，提供茶教學、茶文化、茶文創、茶創業、茶與禪、茶與食，他認為唯有如此，才能將台灣的茶文化復興起來。

成立已有二十多年的「竹里館」，沒有傳統老茶館的中式匠氣，也沒有新茶館刻意強調的簡約文青味。所有的擺設與空間都是那麼自然，清心素雅、帶有禪意韻味的舒活氛圍，結合書法、藝術、沉香的雅致裝置，讓「竹里館」不僅是極品飲茶藝廊，也是焙茶製茶所，更是品茗的茶藝研究中心。

a 新茶館帶簡約文青味，擺設空間具有禪意韻味的舒活氛圍。

b 事茶多年的黃浩然，在台灣與日本均有相當大的知名度。

1

凍頂烏龍茶

採集地點 ››› 南投鹿谷鄉永隆村

採集時間 ››› 春

揉製方式 ››› 烘乾後以布包成球狀揉捻，使茶成半發酵半球狀，稱為「布揉製茶」或「熱團揉」，帶有明顯焙火味道。

品茗味道 ››› 茶湯顏色比一般凍頂烏龍的金黃色來的深且油亮，入口生津富活性，入喉韻味強且經久耐泡，香氣內斂沉穩。市場上稱的「凍頂氣」指的就是這股特殊的產地香。

2

私藏阿里山高山茶

採集地點 ››› 嘉義縣梅山鄉樟樹湖茶區

採集時間 ››› 春

揉製方式 ››› 阿里山高山茶一般做成毛茶，發酵大概只有 15%，但是黃浩然特別做到 20%，然後做適度的烘焙，使其轉為果香，喝來喉韻回甘十足，帶明顯焙火韻味。

品茗味道 ››› 樟樹湖的高山烏龍，特色在於其山頭韻，喝起來香氣十足。此外當地為砂質土壤，通氣良好、酸鹼適宜，加上原始森林累積的有機質豐富，生長的茶葉膠質多、茶湯油亮，飲來非常舒服。

“

用「善、美、真」，體驗茶道新境界。

”

3 蜜香紅茶

採集地點 ››› 台東摩天嶺自然生態茶園

採集時間 ››› 春

揉製方式 ››› 一般紅茶多半做成條索狀，但蜜香紅茶是球狀的紅烏龍茶。重點是芽茶一定要經過小綠葉蟬咬過，再加上重發酵到 50% ～ 60%，就會自然帶蜜香。

品茗味道 ››› 蜜香紅茶的特色就是耐泡，茶湯水色橙紅、滋味甘醇、滑潤為其特色。

4 甕藏杉林溪老茶

採集地點 ››› 南投縣竹山鄉杉林溪龍鳳峽茶區

採集時間 ››› 2002 年春茶

揉製方式 ››› 黃浩然精選當年發酵較佳的毛茶，存放 7 ～ 8 年再複焙 50 小時以上，待茶焙清、焙透後再入甕，讓茶在甕內自然地後發酵，也就是老茶專屬的發酵工藝。

品茗味道 ››› 在時間自然催化下，產生緩慢的轉化作用，茶葉慢慢變為褐色或深褐色，茶湯也轉化為成熟剛勁卻不失圓潤的口感。第一泡喝起來帶有杉林溪特有的木香，以及一點酒味；第二泡則沉厚穩重，且觸動味蕾的回甘滋味。

5 東方美人茶

採集地點 ››› 新竹北埔鄉與峨眉鄉的青心大冇

採集時間 ››› 6 月

揉製方式 ››› 先以傳統技術精製而成高級烏龍茶，但比一般烏龍茶多了一道工序，就是在炒菁後，要以布包裹後靜置，進行二度發酵，讓茶菁「靜置回潤」後，再進行揉捻、解塊、烘乾而製成毛茶。

品茗味道 ››› 「東方美人茶」喝起來清新，帶有一股獨特的蜜香與果香，喝起來的口感甘醇而不生澀，滑潤爽口，且相當耐泡，一般來說可以泡到七次都沒問題。

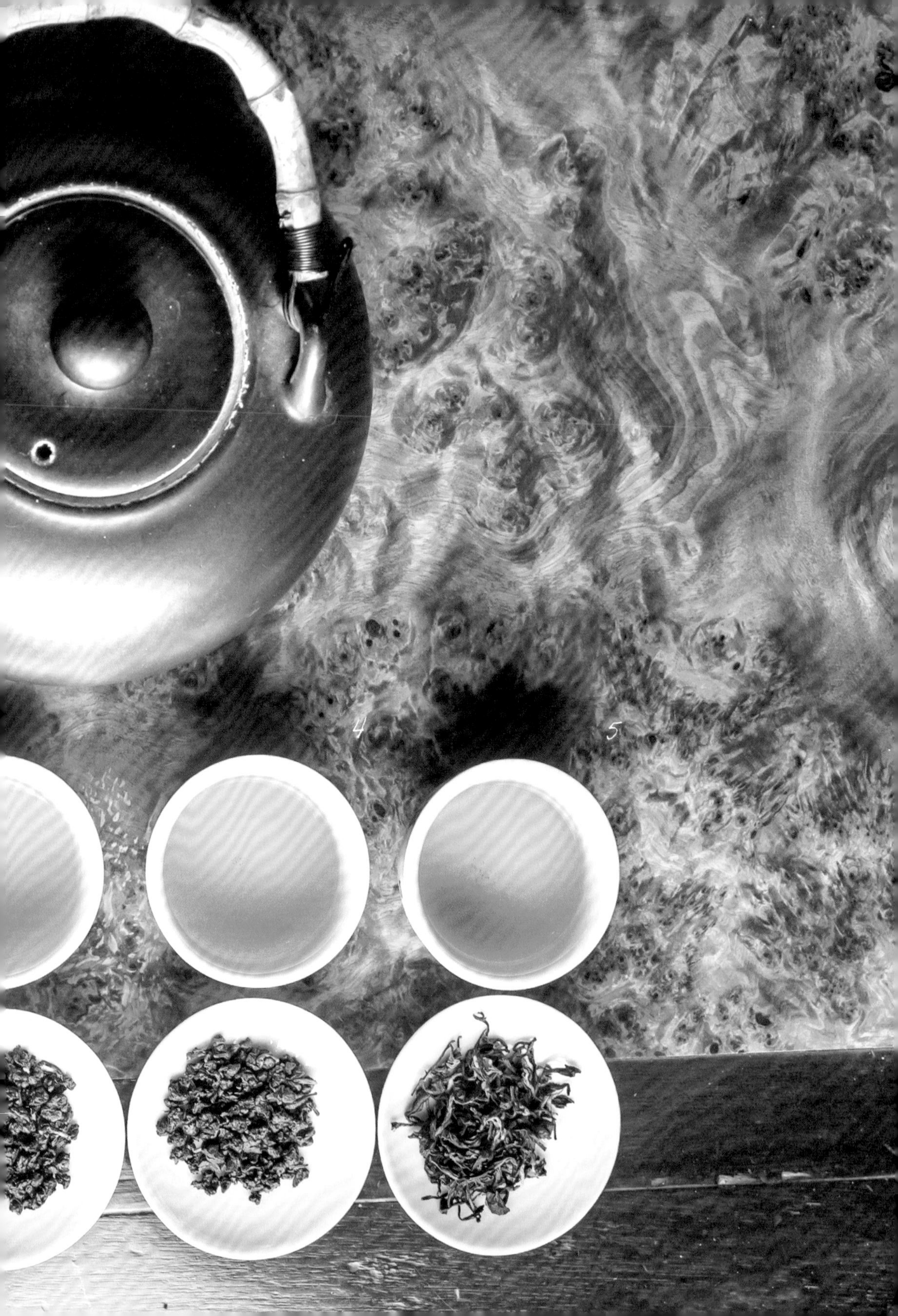
4
5

1
2
3

治堂×何健。人茶合一的生活美學

採訪／周培凡　攝影／薛展汾

info

地址‧台北市永康街 31 巷 20 之 2 號
電話‧02-3393-8988
FB‧請搜尋「治堂」

沒有招牌、廣告，如果不注意，會以為經過了一間普通民宅，「治堂」位於永康街巷子裡老公寓的一樓，走進大門，小小的庭院散發幽靜。拾階而上，淡淡茶香透過木製紗門傳了出來，推門而進，木桌竹椅，謙架茶葉罐、紫沙壺、瓷杯……，不像坊間茶藝館，治堂的古味渾然天成，而氣質是內斂的。

茶藝精深　文化無價

但治堂是茶館還是茶行？主人何健，形容這裡就像是他家的客廳，招待朋友來家裡做客，為客人奉上好茶，一起聊聊茶。而之所以沉浸於茶文化的世界，要從何健的成長過程說起，童年時因熱衷於集郵，因此三天兩頭就往中華商場和光華商場跑，進而接觸到古董古玩的世界。爾後為了更精進自己的古文物知識，便開始往故宮跑，參加故宮陶瓷課程，跟著良師研習文物知識；隨著學問精深，開始潛心研究具有五百年歷史的江蘇宜興窯紫砂壺，也開啟了他的茶生命。

原本只是做為興趣，把玩茶壺與品茗都只是生活調劑，但一九八五年他獲得中華茶藝獎泡茶冠軍，毅然決然放下人人稱羨的銀行鐵飯碗，轉為全職茶人，同時成立了「治堂茶文化工作室」。現有的永康街茶空間成立約十五年，人們稱呼何健為永康街的茶博士，有著滿腹的茶經知識，在治堂，他堅持只賣台灣的好茶。多年

來，任何人來這裡喝茶，完全免費，因為何先生堅持不收茶資，他說他不是「做」茶生意，而是在「分享」茶文化。

不拘形式　簡單奉茶

「冶堂」地方不大，大致上分為三區，一進門的大方桌用來接待一般客人，牆邊展示著各式茶壺、茶盞、茶葉等茶商品；左方以布幕相隔，是較隱密的品茗區。這兩區的大桌一圓一方，取中華文化古代方圓之間的意蘊；裡區則擺放名家設計作品，其中一個不起眼的櫥櫃，則是何健蒐羅的茶文物，依年代分類，一個小小櫥櫃，就是一部台灣茶文化史。

茶器對於何健，只是日常用品。他認為尊敬就可以，不應該拿來藏，拿來拜。把這些百萬元的茶器放在家裡供奉，意義何在？對物尊敬，不代表你要捧之。

不過何健還是推薦「宜興壺」，他認為宜興壺是一個很好的發茶器，不必過分講究新與舊，或是否出自名家。除了宜興壺，何健也根據自己對於茶具的喜好與經驗，特別與台灣陶藝家與瓷器廠老師傅合作，打造屬於「冶堂」特有的茶具。說到底，他還是一句老話：只要從感官品鑒回歸享受，選擇自己喜歡的茶器與杯子就夠了。

何健說店內是隨意佈置，沒想特別多，但仔細觀察仍處處有驚喜，隨口一問桌椅，多來自民國四〇、五〇年代的老傢俱；店內四層展示架下方附上的抽屜，是紅眠床支架構造，不須刻意雕

琢就自然與周遭融為一體。

「治堂」做為何健的茶文化工作室，也算是私人茶室，做為招待朋友的場合。這種招待其實不界定形式，不管是不是朋友，只要來了，就簡單奉茶，舉凡與茶相關之事，都可以在此提問或分享。

b

c

a.b 小小的庭院散發幽靜氣息。

c 雖何健說室內空間是隨意佈置，但很多地方都藏著處處驚喜，比如一個小小的櫥櫃，就是一部台灣茶文化史。

1 木柵正欉鐵觀音 /醇厚回甘

採集地點››› 木柵的茶園集中在指南國小到貓空一帶

採集時間››› 採收期只有 15 天，約 3 月到 4 月中。

揉製方式››› 發酵度 40%，球形

品茗味道››› 在茶乾外觀表現上，色澤則較一般茶沉重，枝梗較胖也較短。其茶湯較一般鐵觀音來得濃，茶湯色澤清澄而蜜黃，聞起來有淡淡的花香，入口微苦爾後轉甘，讓人齒頰留香。

2 鹿谷凍頂烏龍茶 /圓滑醇厚

採集地點››› 南投縣鹿谷鄉所產之凍頂烏龍，乃因當地地理條件得天獨厚，凍頂山麓一帶海拔約 600 至 1,200 公尺。

採集時間››› 春、冬

揉製方式››› 發酵度 20%，球形

品茗味道››› 這兩季採收的茶葉，喝起來在甘醇度或是韻味上，都較其他季節採收的茶葉為佳。此外何健老師建議大家觀察沖泡過後的茶葉，好的凍頂烏龍葉在展開後，綠色的葉子邊緣會有些許紅色，稱為「綠葉紅鑲邊」，是凍頂烏龍的特色。

a

b

c

a-c 封茶罐、瓷杯、紫砂壺，冶堂的古味渾然天成，氣質則是內斂的。

1
2

3 文山包種茶 / 香醇韻美

採集地點 ››› 坪林

採集時間 ››› 春、冬

揉製方式 ››› 發酵度 10%，條索狀

品茗味道 ››› 風味趨近於綠茶，但茶湯蜜綠中帶金黃色，且香氣清香幽雅似花香，喝起來滋味較綠茶更為甘醇滑潤。

“喝茶要用身體喝，而不是只用知識喝。”

4 白毫烏龍茶 / 果蜜潤香

採集地點 ››› 新竹北埔

採集時間 ››› 夏季

揉製方式 ››› 以手採一心一心二葉的嫩葉為茶菁，採重度發酵方式所製作而成。

品茗味道 ››› 在茶乾外觀上為條索狀，白毫顯露，枝葉連理，白綠黃褐紅相間，猶如朵花為其特色。茶湯呈琥珀色，具熟果香、蜜糖香，滋味圓柔醇厚。

5 台灣高山茶 / 芳香淡雅

採集地點 ››› 嘉義縣與南投縣境內海拔 1,000 至 1,400 公尺的茶區為主

採集時間 ››› 春

揉製方式 ››› 發酵度 12%，球形狀

品茗味道 ››› 茶葉有時會帶有杉味，且隨著高度愈高，冷礦味也會更加明顯。在低溫中生長的高山茶，因兒茶素類等苦澀成分較低，且葉肉厚實，果膠質高，因此具有耐沖泡的特色。回甘溫雅的氣韻耐人尋味，茶香芳香淡雅，久久不散。

茶與古城的美麗邂逅

奉茶、十八卯×葉東泰。

採訪／麵包樹工作室　攝影／林佑璁

info

奉茶
地址，台南市中西區公園路 8 號
電話，06-228-4512
十八卯茶屋
地址，台南市中西區民權路二段 30 號
電話，06-221-1218

讓茶說出古城故事

「台南人認為古老是價值，老不是時間老去，而是新意再生。真正厲害的，是從生活裡蘊釀出的新精神。」葉東泰出生澎湖，父母考慮到教育資源和工作環境，在葉東泰十一歲時舉家搬遷至台南。二十四歲時，海安路上的一間泡沫紅茶店要頂讓，他決定跨入茶館領域。不過當時葉東泰對於茶文化還不夠了解，一邊做鐵工一邊開店，生意並不好，直到三年後一位前輩提醒他：「你要有理念。」於是二○○二年開始，葉東泰和太太一起學習茶藝知識，跑遍台灣茶館。

葉東泰認為，「理念就是，你的做法都要有自己的看法，對於茶、對於生意、對於客人的要求，具備這些，就有機會建立你的茶館。」葉東泰不與茶農簽約，不向固定茶農進貨，他認為如此才能維持茶葉品質，不受到農產品每季品質變化的制約。掌握住茶葉的品質後，才來設計主題、故事和包裝，讓每款茶葉擁有獨一無二的紋理。

以店內一款「十六歲茶」為例，其背後故事為：台南市有一特殊成年禮叫「做十六歲」，源於五條港的西羅殿，以前的工人以十六歲為分水嶺，之前只能取半薪，之後才能領「大工錢」。所以孩子長到十六歲，家人就會在七星娘娘、魁星的誕辰農曆七月七日七夕這天舉行成人儀式，分贈親朋好友紅龜粿，感謝七娘媽保佑小孩

a 透過茶會，葉東泰希望連結人、茶與空間。

b 在葉東泰眼中，十八卯茶屋二樓的格子狀窗格如同眼睛，而延展出去的遮雨棚就恰似眼簾。

c「十六歲」茶，喝進口的不只是味道，還有古城的歷史意義。

d 品茶的過程中就可以帶入當地的歷史。

成長過程平安順遂。台灣地處亞熱帶，早期瘟疫等傳染性疾病橫行，小孩要健康長大並非易事，做十六歲成為台南重要的民間節令。因此「奉茶」特地挑選輕發酵的茶葉，象徵孩子在經過重重歷練後終於吐露生命芬芳，也以素雅茶香替孩子的前程帶上最溫柔的祝福。茶包裝上印著葉東泰對古今青少年差異的有趣觀察：「早時大兄大姊飼，即嘛電腦手機治，時代一直抵進步，七娘媽婆顧歸路。」

老屋新生的茶道融合

一九九六年「奉茶」搬遷至公園路上的一棟老屋內，當時老屋還不像現在這樣受到重視，起初葉東泰也只是單純的考量到租金便宜，直到經過整理、設計，他赫然發現老房子的空間美感不是新厝可以取代。例如建築外觀的洗石子格子窗、古意盎然的石壁牆、挑高的屋頂木椿、拱門隔間，都充分散發出茶道的圓融精神。

二〇一二年底，葉東泰接手吳園的遊客中心，這棟兩層樓日本老建築的歷史最早可追溯至一九二九年，日本人柳下勇在此設立料理食堂「柳屋」，葉東泰拆解「柳」字，以「十八卯茶屋」重現。仿古仿舊，完全保留原建築架構，僅添加藤製家具、榻榻米坐椅勾勒清雅的日式風味，二樓則不定期舉辦各式茶道和文創聚會，讓「十八卯茶屋」成了重要的藝文據點。

好茶無藏

1 天后金萱茶

茶品故事 ››› 台南大天后宮是明朝末年靖寧王的王府所在地，清代改建為媽祖廟。媽祖林默娘自童年起就有預測天氣的異能，因為經常顯靈，保佑無數人民，被賜封為天后並入祀典，康熙以後成為華人社會中漁民和航海者最普遍的守護神。

品茗味道 ›››「奉茶」特地選擇由台灣茶業改良場自行培育出的「金萱茶」，象徵天后母儀天下。金萱茶葉型碩大、產量豐沛、具有花乳的香氣和口感，且照顧台灣茶農的生計，頗有天后風範、女性光輝。

2 赤崁四季春

茶品故事 ››› 赤崁樓的前身為荷據時期之普羅民遮城，歷經清領時期添設文昌閣和海神廟、日本時期大幅修繕，至今依然四時如新，始終存在於台南信眾的日常生活，活耀於遊客的行旅記憶。所以葉東泰用一年四季皆能產出的「四季春」製成屬於赤崁樓的茶品。

品茗味道 ››› 台南祭奠多，但少有前人以茶入祀，直到葉東泰提議保留道教原本儀式，加上新創觀念，用茶祭拜。因茶具備融合的特質，能讓喝茶的人們圍坐在一起，和宗教一樣，替社會帶來和諧的風氣。葉東泰這樣形容赤崁四季春：「赤崁紅城，四時皆馨：馨香味清，富花芬芳氣息。」

“

茶，草木中間有一人，就是在幫助人與自然之間的溝通。

”

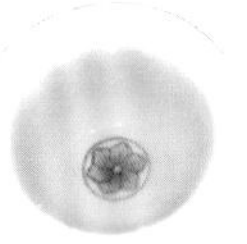

3 億載烏龍茶

茶品故事›››清同治十三年，準欽差大臣沈葆楨為了海防需求，奏請朝廷於今安平區建設西式碉堡，以長砲等重裝備嚇阻意圖侵台的外軍，此碉堡即為億載金城。早期飲茶文化中，多使用紙包來進行包裝，所以特別注重焙茶的工序。

品茗味道›››「炭培烏龍茶」經慢火細燉，火香及喉韻繚繞不止，頗能代表海戰的濃烈煙硝氣氛。

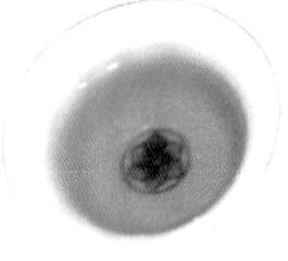

4 安平紅茶

茶品故事›››紅茶，英國人賣的最好，但英國緯度太高境內無人產茶，茶全部種植在東方，英國人再依靠其航海能力進行貿易，行銷全世界賺取大量外匯，直至今日 90% 的飲茶人口喜愛紅茶。由此可見，紅茶是最具有貿易性格的產品。安平古堡的前身為熱蘭遮城，荷蘭人於 1624 年建造，守護安平港、維持貿易安全，古堡成了荷蘭人東方貿易的前哨站。

品茗味道›››「奉茶」用紅茶呼應安平古堡，紅茶紅潤的水色也和安平古堡的赭紅磚牆互相輝映。葉東泰以歷史文化為基底，融合現代語彙，延伸出台灣茶的繾綣寓意。

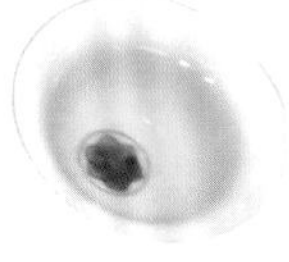
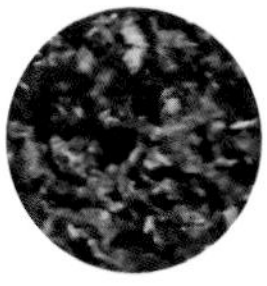

5 木燙清茶

茶品故事›››2006 年末，「奉茶」總店起了一把無名火，將平日存貨、製茶及營運的空間悉數燒毀，約損失一百萬元的軟硬體和許多資料。收拾殘局、重新整頓的過程讓人沮喪，葉東泰自灰燼中隨意拾起一包外觀燻黑、部分燒毀的清茶，卻發現這泡茶的味道因煙燻火燙，產生不同於以往的滋味。

品茗味道›››一年後，奉茶用桂圓木窯燒而成的桂圓木炭來烘焙 18 歲的青茶，推出「木燙清茶」，火紋的茶葉帶有獨特風味，以此紀念傷痕：火舌吞去財產，卻也燒出了一味新茶。葉東泰在茶包裝寫下：「燙傷你，因為我的心夠熱。」

無為草堂×涂英民。茶香與藝術的薰陶空間

採訪／麵包樹工作室　攝影／林佑璁

info

地址▸台中市公益路二段 106 號
電話▸04-23296707
官網▸www.wuwei.com.tw

連結心意情感的一杯茶

「無為草堂」的主人涂英民擁有學者般的氣質和外型，說話四平八穩，唯有在聊起一件事情時音量會稍稍提高、注滿熱情：藝術。在「無為草堂」自然古樸的環境中，收藏了為數頗眾的珍貴創作，尤以台灣西部的藝術家及文學家為多，像是擅畫底層民眾與社會不公的畫家陳來興、具備獨特創造力和卓然自信的畫家梁奕焚、致力於台語歌詩創作遣字優美典雅的詩人路寒袖……。

涂英民與他們的相遇即從「無為草堂」開始，創作者因緣際會來到草堂，被這裡細緻卻又無拘的環境給照顧，繼而和茶人相識，成為莫逆。翻開「無為草堂」的名片，背面直書七枚瀟灑書法字：「好茶無求為知己」，他珍視藝術家的目光也正猶如看待罕見的寶茶。這種古意是否來自家族的薰陶？他不敢肯定，確定的是，「無為草堂」的創立確實和他的童年有關——他出生自嘉義縣阿里山下的鄉間，從阿公那一輩開始就有喝茶的習慣，每當客人來訪，奉茶更是連結彼此情感重要而溫柔的方式。

隨著台灣工商業發展，涂英民在很小的時候就離鄉背井、前往都市打拚，每次回家，阿媽總和藹的勸慰他：「別太辛苦，凡事慢慢來。」但懷抱企圖心的青年怎麼可能凡事慢慢來？辛苦了好久、終於有一些成績之後，涂老師突然想起阿媽的話，突然能夠體會也開始想念阿媽

的生活智慧，決定把早期台灣社會「悠閒自在」的喝茶型態和老莊「順其自然」的處世態度結合，於一九九四年成立「無為草堂人文茶館」。

與世無爭的幽然空間

在「無為草堂」，不論置身哪個空間，都可以聽見流水潺潺的細音，「無為」與「若水」是形構整座茶館最關鍵的概念。「無為」指老子學說中的「隱居無為」，「若水」則取自〈上善若水篇〉，說明水的形態正如同「道」，因為只有水「善利萬物而不爭」。

這樣的概念具體表現在無為草堂四百多坪的全景內：庭院外牆用竹籬構成，開放式的庭園景觀，館內三條涓流匯成綠波蕩漾的水池，池中悠遊著台灣石斑、若花、溪哥、烏龜。沿溪鋪設楓港石等自然石板，環繞於建物四周。建築則以木頭為結構，內牆敷上混搭白泥的中國式紅磚，日本瓦屋頂。木造迴廊連結著獨立廂房、迴廊客座區、貴賓廂房等空間，行走其間，有柳暗花明之感，讓人忘記世俗紛擾，二〇一一年更獲「法國米其林綠色指南」國際旅遊景點兩星推薦。

a 無為草堂典雅自然的環境讓人徹底放鬆。

b 無論走到哪裡總有尋幽訪勝的期待。

c 處事周到、心思細膩的茶主人涂英民。

1 杉林溪烏龍茶 / 清雅幽香

採集地點 ››› 南投縣竹山鎮杉林溪的龍鳳峽海拔達 1,800 公尺，這裡晝夜溫差大，土壤富含有機質，水源無汙染，終年雲霧繚繞，在在促成最佳的茶園條件。

採集時間 ››› 春茶 4 月～ 5 月初；冬茶 11 月初

揉製方式 ›››「無為草堂」與此地的農民契作，茶園向陽，品質穩定，屬輕培火茶。

品茗味道 ››› 溫壺後，用茶則將茶葉取出，置入茶壺中約五分之一的量，沖入 95 到 95℃之間的開水，使泡沫溢出，隨即加蓋，將茶湯倒進茶船中，利於茶葉伸展，然後用此茶湯來溫杯。再次沖入開水，第一泡約 1 分鐘，第二泡以後每次沖泡時間增加 15 秒、25 秒……，一壺茶約可沖泡 7 次。杉林溪烏龍茶的茶湯呈現泛青的淡黃色，似深悠夜裡的月。清雅幽香，自然原味的甘甜喉韻，應屬台灣目前可以量產的烏龍茶中品質佼佼者。

2 阿里山烏龍茶 / 沉香回甜

採集地點 ››› 產自石棹茶區，位於嘉義縣竹崎鄉，海拔 1,350 公尺，此處是玉山國家公園的邊緣，背靠中央山脈主峰玉山，遙望南部連綿不斷的山巒，又有曾文溪及八掌溪兩大溪流的上游流經。不只環境良好，地理特殊，茶農同樣擁有嚴謹的茶園管理技術及態度，和「無為草堂」合作近 20 年，彼此互信甚深。

採集時間 ››› 春茶 4 月中～ 4 月底；冬茶 10 月底～ 11 月初

揉製方式 ››› 製茶師傅相當專業，經過日光萎凋、發酵及乾燥烘乾等初步處理的毛茶輕培火後有揚香，喉韻穩定。

品茗味道 ››› 沖泡方式同杉林溪烏龍茶。茶湯金黃，茶水甜潤、輕透、滑口，帶有沉靜的香氣，飲後會深深回甜、回甘。

“

順其自然、不強求，就能隨心所欲，
照一己之念來沏壺道地的台灣茶。

”

3 凍頂烏龍茶 / 渾厚安定

採集地點 ››› 產於南投縣鹿谷鄉的鳳凰山麓，終年無霜雪，周邊溪谷環繞，水質純淨甘甜，屬黃土性質，溫度適中，適合茶樹生長。

採集時間 ››› 春茶 4 月中；冬茶 11 月初

揉製方式 ››› 凍頂烏龍茶製茶最特殊之處在於將茶菁殺菁乾燥後，須以布巾將其包成球狀揉捻，不時鬆開散熱，重複多次，使外型逐漸緊密成半球狀，稱「布揉製茶」。

品茗味道 ››› 沖泡方式同杉林溪烏龍茶。口感渾厚甘醇，舌底留香，適合喜歡傳統飲茶風味的人。

4 炭培烏龍茶 / 餘味不散

採集地點 ››› 同樣產自南投縣鹿谷鄉

採集時間 ››› 春茶 4 月中；冬茶 11 月初

揉製方式 ››› 茶農將龍眼木炭燒透為紅色後敲碎利於燃燒，隨即覆蓋炭灰，待炭灰轉為灰白色且炭味揮發，就用來烘培茶葉。溫度的控制完全依賴烘茶師傅的經驗和技術，需要不斷翻轉，以慢火持續燒烤，中間不能熄火，否則茶葉的香氣會大打折扣，非常費時費力。

品茗味道 ››› 能在保有凍頂烏龍茶的甘甜以外，更散溢出特殊的炭火韻味。沖泡方式同杉林溪烏龍茶。口感厚實，餘味撩人，滑順耐泡，茶湯琥珀橙紅，龍眼木炭的熟果香久久不散。

5 金萱茶 / 柔順清香

採集地點 ››› 產自台灣嘉義縣梅山鄉的瑞里山區，海拔 1,200 公尺。

採集時間 ››› 春茶 4 月中；冬茶 11 月初

揉製方式 ››› 金萱茶湯具獨特香氣，製作金萱茶的師傅會依據天氣、茶葉等本質條件，來決定發酵程度。無為草堂今年的金萱茶因氣溫偏低、冬眠時間延長，致茶葉生長緩慢不均，故採取中發酵來提升茶湯滋味。

品茗味道 ››› 沖泡方式同杉林溪烏龍茶。茶湯柔順清香，尚有冬茶韻味，別於常見的奶香，是難得另類的早春茶。

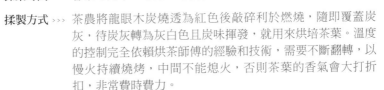

4
5
凍頂烘焙烏龍茶
瑞里金萱茶

1
2
3
杉林溪
高山烏龍茶
阿里山
烏龍茶
凍頂
烏龍茶

陳年老茶 醉人香

e2000×廖宜宗。

撰文／蔡蜜綺　攝影／PJ

info

地址‣台北市大安區永康街 54 號
電話‣0936-078-595

老而彌新 茶盡人生

一個人的生活作息或習慣養成，必定與家裡息息相關，這一點，在廖宜宗身上可得到印證。因父親具有文人特質，從小廖宜宗跟在他身邊，逛古董店、買字畫、喝茶，長大後自然而然產生興趣，並成為這方面的鑑賞家。廖宜宗愛喝茶，所有中國茶系如綠茶、青茶、紅茶、黃茶、白茶、黑茶等，他都有接觸，且特別偏好老茶，如今在「e2000」店裡的主力產品，也是老茶。

最早的「e2000」，是古董店兼茶館，古董、茶葉、茶具都是經營項目，後來廖宜宗逐漸縮小範圍，才成為現在的老茶專賣店，古董文物則成了店裡的擺設。走進茶坊，會發現裡裡外外，很少陳列茶葉或相關用品，這是因為主人雖然賣茶，卻不希望一整間都是商品，讓人感受到壓力。

廖宜宗認為，新茶和老茶的對比，就像初生的嬰兒和成年人。新茶味道秀氣清新，老茶則有時間焠鍊的韻味，可以從中品嚐到歲月的痕跡。茶製成之後，味道並非定型，它隨時都在變化，催化出更多元、更具深度的滋味，那種差異性非常細微，但也非常的美。看茶就如看人，茶的一生就像人的一生，不同的環境造就不同的茶味，保存的方式不同，結果也截然不同。所以一盅茶，可說道盡人生百態。

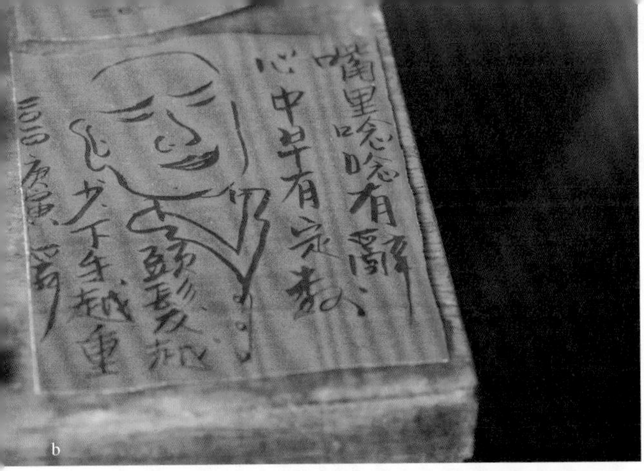

a 走進店裡，可以發現許多古董文物，都是主人的收藏。

b 廖宜宗規劃的空間，帶有著生活化的隨興趣味。

c 廖宜宗認為簡單茶具也能喝好茶，因此店裡也開發出適合沖泡各種茶的蓋杯。

簡單長久　新喝茶態度

「如今碳水化合物的飲料很多，也因為便利、容易取得，多數的現代人會認為，品茗是一件麻煩的事。所以，這也是我們需要的突破之處。」廖宜宗也提出了一個自己設計的新喝茶態度：「其一，可開發更簡易的容器，沖泡出能夠即時沖泡出好茶的茶具；其二，大家認為喝茶是很奢侈的享受，其實不然。我們不妨轉換觀念，很多人買茶會貪小便宜，一下就買很多，但其實買回去後卻沒喝完，倒不如換個角度，挑選單價貴一點，但量不要太多。如果找到自己喜歡、方便沖泡且經濟能夠負擔的茶，就能自然地將茶融入生活。」

中國人常說「柴米油鹽醬醋茶」，代表茶是很生活化的東西，另一種說法「琴棋書畫茶」，則將茶提升到文化層次。廖宜宗認為，這兩者是相融的，所以他規劃的茶空間，不但有著生活化的隨興趣味，也有不一樣的人文風情。以氛圍來說，就像居家般悠閒自在；盈眼所及之處也盡是古董收藏，為空間注入深厚的人文風。這樣的空間，會自動篩選出喜歡這樣氛圍的客人，多年來，廖宜宗因為茶，結交許多志同道合的朋友，這是他最大收穫，也是他喜聞樂見的。

1 1995年阿里山高山茶 /老茶

採集地點 ››› 海拔 1,200 ～ 1,800 公尺的阿里山茶區，因為早晚溫差大，加上終年雲霧繚繞，所出產的茶葉，具有葉片厚實、芽葉柔軟、果膠質含量高等特點，沖泡出來的茶湯，滋味滑順甘醇，氣味清香淡雅，品質非常優異。

採集時間 ››› 1995

揉製方式 ››› 輕烘焙的輕發酵茶，發酵程度約在 15% ～ 20% 左右

品茗味道 ››› 這款 1995 年保存至今的阿里山高山茶，沖泡後的茶湯，已從原本的蜜綠色變成琥珀色，原來的淡雅香氣也更加沉而厚實。

2 1984年凍頂烏龍 /老茶

採集地點 ››› 鹿谷鄉彰雅村

採集時間 ››› 1984 年至今的炭焙老茶

揉製方式 ››› 以青心烏龍為原料製成的半發酵茶，發酵程度約在 30% 左右

品茗味道 ››› 沖泡後茶湯金黃偏琥珀色，滋味醇厚甘潤，此茶越陳越好喝，因此有不少茶友將之做為陳年烏龍茶收藏。老茶適合的沖泡溫度是 100℃，泡開之後，能聞到一股自然的陳年之味，以及微微的炭火香，從第一泡到最後一泡，始終如一；因為茶水柔順，喝起來的口感，不但醇厚樸實，更兼之後韻十足。

“

喝茶，簡單才能持久。

”

3 1984 年木柵鐵觀音 / 老茶

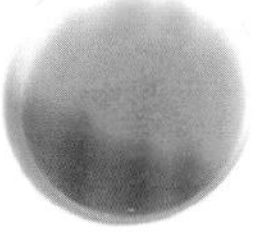

採集地點 ››› 木柵

採集時間 ››› 1984

揉製方式 ››› 其茶樹因葉肉較厚，並經過 25% ～ 75%發酵，湯味濃而醇厚，帶有天然的弱果酸味茶葉是以傳統炭火焙製，加上長時間貯存帶來的醇厚韻致，一開袋立刻茶香撲鼻。

品茗味道 ››› 此款鐵觀音雖是老茶，仍然不失茶種原本應有的特殊鐵韻，更因為久儲的後發酵作用，增添它更馥郁的熟果香，沖泡後飲之，回甘強烈，十分值得細細品味，最適合偏好重喉韻的茶友們。

4 2001 年石碇白毫烏龍 / 老茶

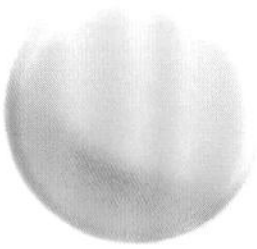

採集地點 ››› 石碇山區

採集時間 ››› 2001

揉製方式 ››› 以青心大冇為原料製成的半發酵茶，發酵程度約在 75% ～ 85% 左右，為半發酵茶類中發酵度較重的一款茶類

品茗味道 ››› 白毫烏龍茶以富含蜂蜜香氣著稱，經過長時間貯放，開湯後的茶色，有如紅酒般呈現出琥珀光澤，香氣則除了更濃烈的蜜香之外，還因為陳化帶有一股熟果香，飲之入口，可感受到湯質渾厚，風味與氣韻均佳，甘醇的喉韻，教人回味無窮。

5 1993 年坪林包種 / 老茶

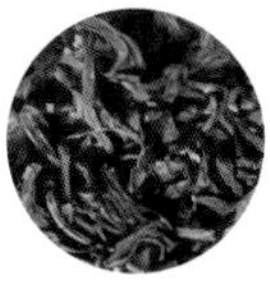

採集地點 ››› 坪林

採集時間 ››› 1993

揉製方式 ››› 包種茶一開始作好的發酵度是 15%，存放 20 年之後，它的發酵度可能變成 25% ～ 30%

品茗味道 ››› 味道會從原本的輕花香，變成輕的果香，並帶一點點熟的花香，香氣層次更多元，原本活潑清揚的口感，也變得溫和不膩，潤韻無窮。

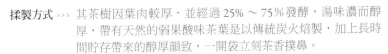

茗心坊×林貴松。高密度烘茶的純正滋味

撰文／蔡蜜綺　攝影／PJ

info

地址▸台北市大安區信義路四段1之17號1F

電話▸02-2700-8676

官網▸msftea.weebly.com

高壓烘焙　茶湯清澈

親近茶、愛上茶，彷彿一種世代傳承。主人林貴松來自美濃，當地農夫多，下田時用來解渴的飲料便是茶。因為家裡長輩習慣喝茶，耳濡目染之下，使得林貴松從小熟悉茶，長大也喝茶成癮。對他來說，茶是與家鄉割不斷的連結，而茶的和煦與溫度，也讓他十分著迷。於是，近三十多年前，林貴松放棄RD工程師高薪，毅然開店創業，選的便是最愛的茶。一開始他做茶藝館，提供茶和空間讓人休閒，因為經營得好，短短半年就回本，之後還推出茶料理，很受歡迎。但林貴松對市場敏銳度高，看到泡沫紅茶店興起，推測茶藝館即將式微，喜歡玩茶的他，因而順勢改營專業茶行。

林貴松從春冬茶之中，篩選出品質最好的，再搭配獨家烘焙技術，因產量少加上信譽保證，店裡出品的茶全有批號。林貴松對烘焙付出極多心力，也開發出收藏型團圓茶。他獨家研發的高密度烘焙法，為密閉恆溫受熱式電焙，可依茶性、發酵及焙火度不同，施以不同溫度和時間烘焙，所呈現的茶湯清澈油亮，因為純度、密度都提升了，表面張力也加強，從壺中倒出茶水，茶水將盡時，甚至能滴出晶瑩剔透的茶珠。而用此高密度烘焙法烘出的茶葉，有著「喝了不會讓人睡不著、也可隔夜或空腹喝、茶湯放冷不會澀」的特點，因此讓許多本來不喜歡喝毛茶或生茶的客人，也能欣然接受。

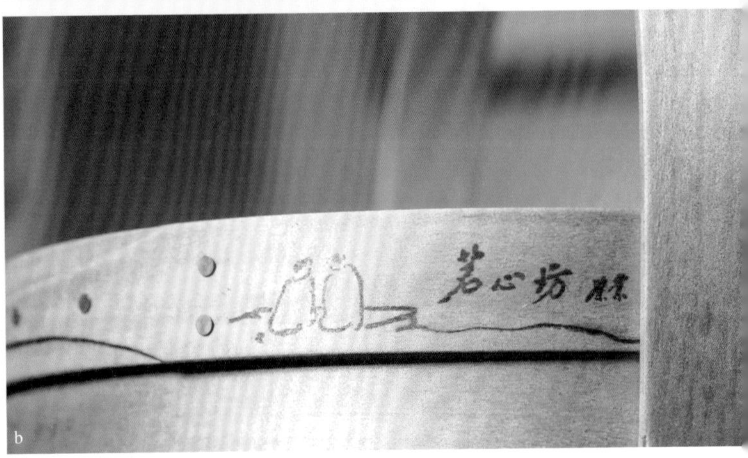

a. 晶瑩剔透的茶珠，已成為「茗心坊」茶葉的品質保證。
b.「茗心坊」的原木片手工茶葉罐，送禮自用兩相宜。
c. 主人對自家茶葉信心十足，這是因為來源精挑細選，並經過店內獨家烘焙。
d. 架上商品一字排開，包裝精緻註記清楚，說明主人「誠信」為先。

純正無屑突顯內在

因為主人喜歡純正，店裡販售的茶種除以台灣茶為主，還要求純料、不拼配。林貴松認為，一個好的、有氣質的東西，外表不需太過美化，非得化成大濃妝不可，淡雅就能突顯內在，相得益彰。

「茗心坊」一切都很工整到位，茶是純料、包裝全無碎屑，連第一泡茶都不用洗，用「乾淨」兩個字來形容，倒也恰當。包括店裡的擺設，也是乾乾淨淨、簡簡單單。所有裝潢都依主人想法設計，復古揉合現代的明亮空間，牆上設立架子，所有茶品整齊擺放，清楚又明瞭。店的最裡面另擺設著三台茶葉烘焙機，伴著攪動的茶葉香，始一進門光顧的客人壓力能立即獲得釋放。

1 松戶烏龍

採集地點 ››› 取自主人名字中的「松」字，「戶」是指個體戶，表明自家是間小小的茶行。產自南投凍頂山區的自然茶園，已 40、50 年的老茶區，已經荒蕪，茶樹無人管理，雜草叢生，因此才能產出這樣的生態茶。

採集時間 ››› 春、冬

揉製方式 ››› 以高密度烘焙法烘兩個多月

品茗味道 ››› 松戶烏龍因為純淨，第一泡不必洗，茶湯就算擺上三天，照樣還是可以喝。南投凍頂一帶土質是紅色的，加上軟枝烏龍又是老茶樹，不但稀有，還具有傳統凍頂茶味，毫無碳味，滋味更是入口滑順、自然甘甜。

2 茗心茶皇

採集地點 ››› 嚴選 2,300 公尺以上、品質最好的茶製成，至於哪個茶區並不一定，只要是好茶，主人就用。

採集時間 ››› 春、冬

揉製方式 ››› 經製成毛茶後，再依高密度烘焙法精焙

品茗味道 ››› 茶湯入口甘醇、生津、圓潤，濃茶溫苦不澀，香氣濃郁高雅展蜜香，飲後韻味無窮。沖泡方式，以高溫舒展、高溫沖泡最佳，耐泡度可到 12 泡左右，存放位置以一般通風處即可，不可以放進冰箱，並避免廚房等有異味的地方，以及容易受強光照射之處。

> “以方便、自在、享受的方式來養成喝茶習慣，才能使茶的文化更普及。”

3 梨山茶

採集地點 ››› 採集自武陵、福壽山、梨山、向陽等梨山茶區，海拔從 1,800 ～ 2,500 公尺都有。

採集時間 ››› 春、冬

揉製方式 ››› 帶有果香的輕發酵茶，發酵程度約在 25% 左右

品茗味道 ››› 因為產地海拔高，日夜溫差大，茶湯細緻溫潤，香氣淡雅，茶韻悠遠。

4 百年野生山茶團圓茶

採集地點 ››› 於百年茶樹採集純料，再經半年時間才製成茶球，可說得來不易，相當珍貴。

採集時間 ››› 1994

揉製方式 ››› 因為是野生，所以能採成的茶菁並不多，包括製茶過程之室外萎凋、室內靜置等，都是主人自己操作。

品茗味道 ››› 這種茶喝了能加速血液循環，身體會熱熱的，就跟普洱茶一樣。百年野生山茶製成的茶球，陳年之後獨特的茶性及風味，可創獨領風騷之風華。

5 野生山茶團圓茶

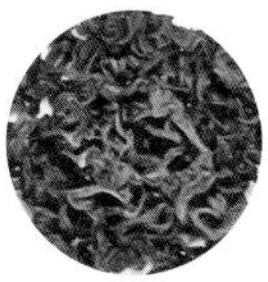

採集地點 ››› 六龜

採集時間 ››› 1990

揉製方式 ››› 野生山茶因未經人工雕琢任意生長，故產量不多，十分珍貴，主人以茶菁製成每顆約兩斤多的茶球，經乾燥後，還需約半年烘焙穩定茶性，才利於長久保存。

品茗味道 ››› 製好的茶新鮮時具有甘蔗香、梅香，老的時候會慢慢變成近似樟木香等其他香氣，香氣轉化的過程如同普洱茶一樣。

陶花源×蔡江隆、吳淑惠。茶器新文化的村落新生命

採訪／麵包樹工作室　攝影／林佑璁

info

地址‣嘉義縣竹崎鄉灣橋村 323-12 號
電話‣05-2793987
時間‣需預約
FB‣搜尋「陶花源」

屋子外的玻璃窗幾乎要佔滿那片灰色的清水模牆，斜射的暖陽就溫溫地打入鋪滿榻榻米的茶席。被木窗框凝限的不只日光，還有苦楝等數株喬木，樹林的另一頭立著一棟黃色木屋，衣著素雅的蔡江隆與吳淑惠夫婦說那是他們製陶的地方。繼續用視線走過木屋前的草地，對面為小丘般的土窯，掌中的茶器即是完成自那祕密山洞吧。低頭，陶杯裡溢出繚繞霧氣，深呼吸，像走在以七里香為籬的幽深小徑。

「陶花源」的主人蔡江隆出生於雲林縣二崙鄉，專科時接觸陶藝，從此對手與陶的契合著迷。熟識的朋友都喚蔡江隆「蔡陶」，讀音恰似台語「菜頭」，蘿蔔的根系緊緊抓著地面，蘿蔔是最家常的食材。蔡陶這個暱稱既表示出他和太太吳淑惠對陶藝的熱愛，更隱約指涉了他們最重視的價值：土地和生活，生活陶。

新食器文化　全村新茶生活運動

二〇〇二年到二〇〇四年間，蔡江隆和吳淑惠發起「新食器文化」，邀集十位陶藝家、五十個家庭共同創作陶碗、陶杯等日用品。「陶與茶關係密切，陶製茶器一直是我們關切的主題。」其間，文化人鍾永豐老師出任嘉義縣文化局局長，聯合藝術策展人吳瑪悧連續三年舉辦「北回歸線環境藝術行動」，請藝術家到社區駐村。蔡江隆和吳淑惠即於二〇〇七年來到群山環繞的茶鄉「太和

a 對陶花源而言，陶跟茶本是生活。

b 空間中處處充滿在地素材、自身理念。

c 以老門板為桌，吳淑惠老師靜心沏茶，窗外不時傳來蛙叫鳥鳴。

社區」。太和是生產高山茶的重要地方，居民大部份從事台茶相關產業。

經過無數次採訪與溝通後，蔡江隆和吳淑惠決定以茶葉染、陶製茶器的捏塑、茶空間的佈置做為方法，和社區的茶文化互動。他們生活在村落，參與採茶製茶的過程，向茶農請教當地的產業與生態，與居民一同品茶論茶，慢慢地，村落間興起前所未有的審美眼光。部分茶農開始省視自己的製茶工序及慣行農法帶來的弊病。八八風災後，手工製茶，於是終於做出第一批沒有農藥也沒有肥料的「自然農法茶葉」。

對蔡江隆來說，做陶不僅是他的夢想，也是生活的實踐，茶與陶器相合的生活美學，也不時由他手中那樣自然而真切地綻放。

1 野放紅茶

採集地點 ››› 嘉義縣瑞里鄉，「茶供足」自家茶園

揉製方式 ››› 「茶供足」的老闆娘張供足利用野生放養的老茶樹枒尖，以果皮、糖蜜和微生物菌發酵物自製有機肥料，避免茶樹生病死亡。「草根有土香，茶裡有健康」，是張供足手作野放茶的特色，也是她對自己產品的堅持和要求。

2 老凍頂烏龍

採集地點 ››› 南投縣鹿谷鄉凍頂村

揉製方式 ››› 早期在鹿谷鄉的凍頂村、永隆村和鳳凰等茶區，因栽種條件及氣候影響，使用中重度發酵、中度烘焙，成就馳名中外的紅水烏龍，但隨著茶園耕種面積不斷擴大、比賽茶風行、高海拔茶區興起等因素，傳統烏龍茶發生巨大質變。紅水烏龍茶的製作工序比起一般高山茶來說，不但繁雜而且困難，茶農多半不願延續或嘗試，茶商也見得樂於推廣，所以逐漸消失中。

品茗味道 ››› 吳淑惠在南投遇到一位 70、80 歲的老先生，老先生至今仍用古早方式製茶，萎凋充足，攏茶也夠，依靠多年來的經驗，看茶作茶，甚至在作茶過程中，會吟詩誦句給手中的茶葉聽。老凍頂甘醇香厚，茶水澄紅。

> “陶與茶關係密切，它們的生活美學也無所不在。”

3 貴妃烏龍

採集地點 ››› 南投鹿谷

揉製方式 ››› 貴妃烏龍和東方美人茶都經過小綠葉蟲的吸吮，但貴妃烏龍遵循凍頂製茶坊市，有揉團，焙成半球形。而東方美人茶又名椪風茶或白毫烏龍，未經揉團，製為條索形，一般也不施以焙火處理，成品不帶火味。

品茗味道 ››› 茶葉外觀顯露白毫。茶湯金黃，帶有琥珀色澤，口感甘甜宜人，緩沁出蜜味和荔枝香氣，卻又喉韻十足，屢屢回甘，焙火韻味明顯。沖泡貴妃茶時，水溫可控制在 80℃到 90℃之間，沖泡時間約 45 秒左右。

4 野放烏龍

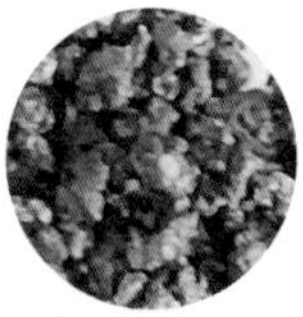

採集地點 ››› 嘉義縣瑞里鄉，「茶供足」自家茶園

揉製方式 ››› 野放茶稀少珍貴，不適合以機器製作，張供足就全程親手揉捻、烘焙，做出來的茶多了一份厚勁的自然曠味。

品茗味道 ››› 張供足以老茶樹作茶，味道醇放甘甜。

5 野生山茶

採集地點 ››› 嘉義縣梅山鄉大和社區

揉製方式 ››› 以往茶園栽作總給人負面印像，如噴藥破壞生態、水土保持不佳。但簡嘉文從事野放茶，任兩三百棵茶樹在山坡地上與野草共生，不修剪、不除草、不抓蟲。茶蟲萬頭鑽動，他認為這就表示這個空間需要牠們，人得尊重此一循環。不論茶的栽作或營銷，都應該回歸淳樸的生活美學。

品茗味道 ››› 簡嘉文的野放茶天然獨特，幾乎每道茶都可沖到 8、9 泡，每一泡的層次都各有其風味。

4
5

1
2
3

蟬蜒禪言×劉昌憲。

藏茶靜臥的好茶滋味

採訪／麵包樹工作室　攝影／林佑璁

info

地址，高雄市三民區民族一路 543 巷 37 號
電話，07-3505202
FB，搜尋「蟬蜒禪言茶館」

或許是從小喝茶，「蟬蜒禪言」的主人劉昌憲擁有比實際年齡還要年輕許多的俊朗外表和氣質。「我是台南人，像我爸爸那一輩非常習慣喝茶，所以我國小就開始喝，也學會泡。那個年代的商業行為還沒有這麼廣泛，資訊比較單純。」

學生時期也曾想開間茶館的劉昌憲，畢業後投身金融業，曾有將近十年的時間減少喝茶的量。直至二〇〇六年一個登山的清晨，劉昌憲年輕時經營茶館的畫面又在心頭浮現，過了四年，便在高雄河堤公園邊建立了「蟬蜒禪言」這處雅緻明亮的品茗空間。

藏茶風華　陶藝芬芳

劉昌憲喜好藏茶，對於存放茶葉的茶倉，也非常講究，還特地向陶藝師訂製高溫柴燒的瓷土茶倉。在茶葉本質不差、且沒有太頻繁打開茶倉的狀況下，半年後存放於瓷土茶倉內的輕發酵烏龍茶，其清香氣息及質韻竟提升得更為濃郁。輕發酵的茶葉如高山烏龍茶、包種茶或是重蜜香味的東方美人等，也相當適合放置於以瓷土拉胚製作、不上釉經高溫燒製的茶倉中，因瓷土的密度高可保持香氣，不上釉又可讓茶輕輕地呼吸。台灣老茶、普洱老茶和焙火茶等重發酵的茶葉則建議選取上釉陶甕或不上釉柴燒陶甕來保存，建議選取經多天高溫燒製，甚至超過一千二百三十度且持溫六小時以上為佳。

a 茶器不只實用，也是最樸質協調的居家背景。
b 茶館每一處細節都充滿巧思與品味。
c 相當具有研究精神和審美眼光的茶人劉昌憲。

這些都是劉昌憲實際藏茶的經驗分享，茶館內各式茶倉裡存放著各種茶，每款茶找到它適和的家，靜臥其中隨歲月轉化；若有機會到此一遊，別忘了品聞不同年份茶款的香氣變化。

陶藝融入品茶空間

為了讓客人坐來自在，兩層樓的「蟬蜓禪言」只有三十四席。一樓以原木搭配竹子，呈現和風韻味，規劃有靠窗的雙人座、適合三、五好友聚會的開放和室及方便與主人品茶論茶的聊茶區。二樓的明式家具和紅磚牆面則為空間帶來濃厚東方氣息，沉穩的紫檀方桌旁一張張由上海老師傅手工製作的圈椅、燈掛椅和梳背椅，不只外型溫潤、木紋圓美、藤編扎實，符合人體工學也極為舒適。角落更有張鋪著草蓆的柔軟禪床。

劉昌憲期盼客人在品茶的同時能有機會欣賞到茶器與陶藝的美好，所以運用一樓的木架展示各樣無上釉的柴燒、自然燒茶壺、茶倉，及多種釉色的大小陶甕與茶器，包括知名陶藝師蔡永志、黃俊憲、李春和、詹文森的作品，既實用又深具美感，希望陶藝品因此走入客人的生活中。

1

玉觀音

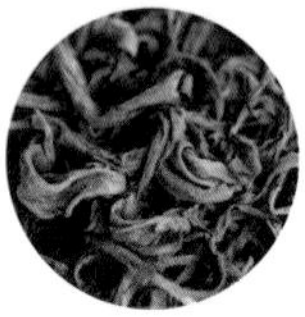

採集地點 ››› 台北木柵茶區

採集時間 ››› 1930 年代以前，為傳統包種茶

揉製方式 ››› 傳統包種式烏龍茶作法。

品茗味道 ››› 1g 茶量搭配 25cc 的水量，前四泡建議在 95℃的水溫中浸泡 20 秒，之後在 98℃的水溫中浸泡 30 秒以上。茶葉披著霜白的細痕，略有木質味，沖泡後茶湯黑亮映光，在木質、中藥的溫和口感中，帶點絲瓜水的沁甜，約可沖泡 12 到 15 次，第 7、8 泡後漸露茶之甘甜原味，飲用時容易出汗，甚至會感覺到一股如同暖流般的氣在體內悠動。

2

梨山著蜒烏龍

採集地點 ››› 產自梨山茶區，海拔 1,900 公尺

採集時間 ››› 2013 年 11 月 10 日

揉製方式 ››› 品種為青心烏龍，以約 30% 的中發酵程度製作。

品茗味道 ››› 1g 茶量搭配 12cc 的水量，前四泡建議在 90℃的水溫中浸泡 50 秒，之後在 95℃的水溫中浸泡 60 秒以上。擁有特殊花香和蜜味，推薦給喜好帶有清麗花香、蜜味特色茶的人。

“

得意時喝茶能靜心，失意時喝茶則能得到慰藉。

”

3 拉拉山紅茶

採集地點 ››› 桃園復興鄉拉拉山，海 1,500 公尺

採集時間 ››› 2013 年 11 月底

揉製方式 ››› 為一款以低溫長時間烘焙而成的烏龍種紅茶，不同於紅玉和阿薩姆，屬於小葉種紅茶。

品茗味道 ››› 1g 茶量搭配 18cc 的水量，前三泡建議在 95℃的水溫中浸泡 40 秒，之後在 98℃的水溫中浸泡 50 秒以上。在製茶師特殊的技法下，獨特的烤地瓜香甜味讓人印象深刻，即使高溫沖泡也不會過分產生澀感。拉拉山紅茶適用瓷壺或玻璃壺沖泡，推薦給偏好甘甜清香，不喜歡紅茶收斂性的人。

4 沙里仙烏龍

採集地點 ››› 玉山茶區的東埔沙里仙，海拔 1,250 公尺

採集時間 ››› 1991 年冬天

揉製方式 ››› 採傳統烏龍製程，未再複焙，存放於台灣南部。

品茗味道 ››› 1g 茶量搭配 15cc 的水量，前三泡建議在 95℃的水溫中浸泡 50 秒，之後在 98℃的水溫中浸泡 60 秒以上。適用以陶土、半瓷土柴燒 1,230℃以上的茶具。經過 20 年的沉澱和轉化，前 6 泡擁有明顯的梅香和酸甜味，6、7 泡後茶湯轉甜，除了梅香外更散發出淡淡木香，喝起來清爽不膩，推薦給喜好梅酸、乾淨無雜味之老茶的人。

5 福壽梨山冬茶

採集地點 ››› 梨山茶區，海拔 2,300 公尺

採集時間 ››› 2013 年 10 月 6 日

揉製方式 ››› 品種為青心烏龍，以約 20% 的輕發酵製作。

品茗味道 ››› 1g 茶量搭配 12cc 的水量，在 95℃的水溫下，前三泡建議 50 秒，之後皆 60 秒以上。適用以瓷土手拉製作、高溫燒結的茶具。梨山高冷的氣候和環境，加上適當得宜的茶園管理，成就福壽梨山冬茶茶葉厚實，清香甘醇，茶湯入喉後，花果香味仍會留存口腔之中，久久不散。推薦給喜好高冷茶香、厚實回甘的人。

4
5

1
2
3

圓滿自在×陳亮能。茶藝與陶藝的結合

採訪／紀瑀瑄　攝影／PJ

info

官網▸www.fengyaoteaculture.com.tw

遠企店

地址▸台北市大安區敦化南路二段 203 號 5 樓（遠企購物中心內）

電話▸02-2378-6666 分機 6546

茶藝與陶藝的相投空間

伴隨著悠揚的樂聲與寧靜的氛圍，坐落於遠企購物中心五樓一隅的豐曜陶藝廊．茶空間，是陳亮能多年前成立「圓滿自在」陶藝館後的新發展據點，更是其長年致力於推廣台灣在地茶藝與當代優秀陶藝家作品的最佳展售空間。

坪林家中擁有自耕茶園的陳亮能，從小就深受茶文化薰陶與洗禮，長大後自然而然地從事販售茶葉。有別於一般茶莊純粹販售茶葉，或是專門販售茶器，陳亮能兩者兼顧，在茶園管理上堅持使用有機肥耕作，傳統重發酵的製茶工序，也讓茶葉口感渾厚，耐於沖泡，喉韻柔順。也因深信茶藝與陶藝有著深厚淵源，陳亮能透過不斷發掘台灣當代優秀陶藝家的過程中，藉由陶藝家創作的陶藝茶器與台灣在地茶藝巧妙連結，勾勒出當中極富趣味的文化內涵。

好茶器　表現好茶質

開放的場域裡，陳列著手工打造的精緻茶器，以及金工藝術家的創作，當中又以台灣當代優秀陶藝家邵椋揚的天目碗以及陳九駱的志野陶作品最具代表性，每件作品都充滿著創作者本身獨一無二的創意與內涵。

陳亮能認為，台灣當代茶文化絕不僅是茶品，更包含了茶器的選用，無論是顏色或質地，都要結合茶葉的特點，才能真正表現出茶的品質。比如綠茶可挑選無花紋

b

a

c

的玻璃杯，因這樣才可更好地觀賞綠茶的形態和色澤；花茶可選用青瓷、青花瓷等瓷壺，因花茶需要悶泡，揭蓋時，才能體現其香氣撲鼻的品質；以及如烏龍茶建議使用紫砂質地的茶具，才能聚攏茶香。光是昂貴的茶葉或茶器絕對不足以彰顯出個人的品味，當中所衍生出來的生活態度和生活美學，正是陳亮能想在空間中傳達給大眾的氛圍，希望藉由茶葉與器物的搭配，創造出好的生活美感體驗。

a 陳亮能從小深受茶文化薰陶，極力推崇內外兼顧的茶藝生活美學。

b 圖為陳淑耘的陶藝創作，大件陶器的成形技法承襲自台中大甲傳統的擠坯製作。

c 寬敞明亮的空間，有著陶藝與茶藝巧妙連結的美感氛圍。

1 日月潭紅玉

採集地點 ››› 南投縣魚池鄉僅耕作三分地的茶園

採集時間 ››› 春

揉製方式 ››› 採用自然農法培育，堅持不施化肥與農藥，製作過程依循紅茶最佳發酵的傳統工法，不以經濟規模做為前提，一季產量至多 30 多斤。

品茗味道 ››› 茶葉除了紅玉本身帶有的果香與薄荷香之外，更透出一股獨特的蜜香風味，加上紅玉本身需要適當的收斂性，此款無論是香氣、回甘和甜度的表現上都發揮得恰如其分，快沖 30 秒至 40 秒間即可飲用，非常適合入門茶款以及飯後飲用。

2 梨山生態茶

採集地點 ››› 梨山翠峰產區標高 2,050 公尺的原始森林地

採集時間 ››› 春

揉製方式 ››› 採用傳統重發酵方式突顯其厚實口感，偏向傳統的烏龍茶。

品茗味道 ››› 此款生態茶香氣早已融入茶湯，非常適合白天提振精神時飲用。沖泡不限於特定模式，任何茶葉都能使用不同方式去表現風味，建議高山茶第一泡採取快沖 30 秒至 40 秒，讓其吸收熱度有利於下一泡茶葉快速伸展，250 毫升的茶壺沖泡時大約置放 5 至 7 公克的茶葉，可重覆回沖 8 至 10 次。

“ 用好茶葉配好茶器，才是真正的生活美學。 ”

3 木柵鐵觀音

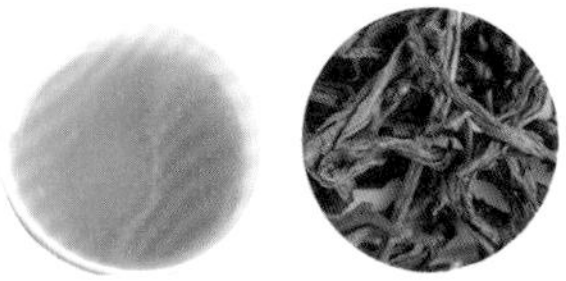

採集地點 ››› 台北市木柵

採集時間 ››› 1940 年代

揉製方式 ››› 存放超過七十年的木柵鐵觀音採用手工揉捻製成，表面產生的微小白霜不影響飲用，口感已經轉變為木質但帶有人參味的香甜尾韻。

品茗味道 ››› 建議使用聚熱性高的鐵壺將水燒至 100℃，透過鐵壺釋放的二價鐵提升口感層次，水質也更為甘甜。

4 文山包種茶

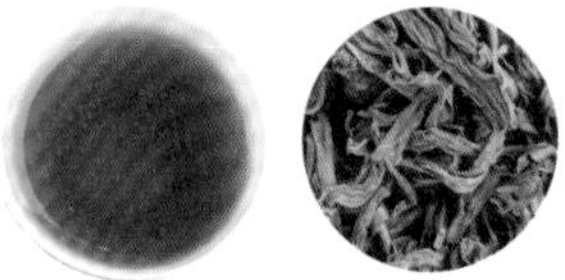

採集地點 ››› 新北市坪林區

採集時間 ››› 自 1970 年代存放至今已逾 50 年歷史，收藏量極為稀少，大約只有 20 幾斤。

揉製方式 ››› 有別於老一輩喜歡將當年度未售完的茶葉放到隔年再次烘焙，此款文山包種茶完全為生茶，讓 50 年歷史的茶葉轉化出其最原始的味道。

品茗味道 ››› 讓味道經由長年與空氣接觸，轉化出帶有木質香的香氣，香甜中帶有微微的果酸回甘滋味，目前正是品茗最佳狀態。沖泡前先將茶杯溫熱，稍微將表面洗茶清潔，盡可能不要直接沖泡以免影響到後續溫度受熱，溫度不夠時香氣自然少。沖泡時第一泡採取快沖 30 秒至 40 秒，有助於第二泡提升出醇和且帶有梅味的菁華口感。

5 老綠茶

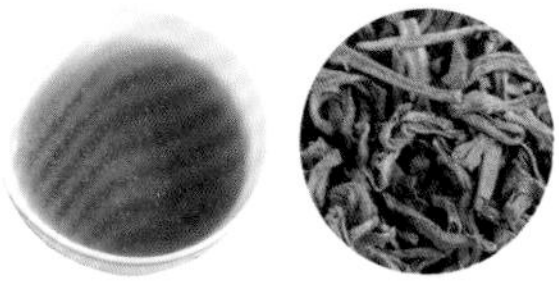

採集地點 ››› 新竹縣關西鎮

採集時間 ››› 1960 年代

揉製方式 ››› 未經過後製烘焙，並陳放超過 50 年

品茗味道 ››› 茶湯顏色偏深的老綠茶，喝起來有厚實的口感，平日習慣高山茶清香口感的人，可能會不太習慣此款口味偏重的老綠茶，再次回沖時則更能引出其特有的濃郁香氣。

淡然有味╳藍官金玉。
町金精神做好茶

文／周培文　圖片提供／淡然有味

info

官網‧www.drywtea.com
總公司‧台北市內湖區新湖一路9號2樓
電話‧02-8791-0858
誠品松菸店‧台北市信義區菸廠路88號3樓
電話‧02-6638-5199

「淡然有味」創辦人藍官金玉，原是一家平價火鍋品牌經營者，從事火鍋生意近三十年，與茶結緣後，便全心投入茶的世界，苦心學習鑽研茶道十二年，為了讓更多人體驗茶道之美，於二〇〇七年成立淡然有味品牌，並開設茶文化會館，與妹妹官金枝兩人共同經營，以茶道為經、美學為緯，推廣「細、靜、慢、活」的茶道新美學。

「淡然有味」的命名，正充分反映藍官金玉的人生觀——透過茶道，達成對人生內外均美的追求。她認為，品茗的精髓，在於用赤子之心去體驗沖泡的過程，盡情享受當下每一個節奏與細節，從選茶、沏茶、品茶開始，透過茶湯的顏色、香氣、滋味去感悟。

做好茶，由內而外皆是工夫

在台語裡的「町金」（音近「頂真」），意指「絕對認真」。淡然有味做茶，從不將利益放在第一考量，「最重要的是，將送禮人的心意，用最好的品質呈現，送到收禮者的手中。」這樣的「町金精神」，也被貫徹於每一個製作環節上。身為茶道推廣者，兩人從採摘到發酵過程逐一親自去體驗，跟著茶農學習整個製茶流程，實地了解包括採菁、日光萎凋、室內萎凋、炒菁、揉捻、精製、乾燥等製茶過程。品牌成立後每年皆親自造訪茶山，針對當季的氣候，與茶園主人及製茶師溝通，討論

a. 淡然有味以「細、靜、慢、活」作為其品茶哲學。

b. 藍官金玉透過品茗沈澱心靈，也透過茶道結交知己。

c. 每一款茶品，從第一泡到最後一泡，都求要能喝出不同的層次滋味。

出對茶最適當的發酵度及烘焙度，其後依照「事茶人」的專業素養，為客戶評鑑、篩選出最優質的茶品，「淡然有味的茶品，從第一泡到第五泡，都能喝出不同的層次滋味，絕對是深具底蘊的茶。」加上深具東方典雅之美的包裝設計，及客製化服務，使其品牌推出的茶禮盒，廣受海內外茶友的歡迎，回購率百分百。其中《細靜慢活》典茶禮盒二〇一七年榮獲德國IF全球設計大獎，《花箋》典茶禮盒更獲選為二〇一八年韓國釜山影展台灣之夜的貴賓贈禮。

時尚茶藝，生活之美

有別於一般茶館，「淡然有味」茶文化會館在設計上主要以「茶席」設置為主，西式的桌椅與擺飾巧妙地融入東方美學元素，打造既現代又幽雅的人文茶空間，近年更陸續受邀進駐松菸誠品、萬豪酒店內，成為台灣茶品牌的代表之一。藍官金玉認為，茶席本身就是一種生活的美學，透過品茶士對茶的瞭解，以及器皿的運用，可忠實地將每一泡茶發揮至上的高香與純味。

「品茶人需以自己的生活體驗，將心比心般，融入品茶的過程之中，打開自己的五感，盡情感受、創作，不僅僅是嘗到茶的本質滋味，更是透過品味，延伸茶的生命力。」這是藍官金玉的用心，她希望將最好的台灣茶，藉由「茶道普及化」，讓更多年輕人可以接受；再用時尚美學重新定義品茗文化，也能將早已走進家庭生活的茶藝文化重新喚回。

1 町金烏龍

採集地點 ››› 福壽山茶區

採集時間 ››› 因福壽山地區氣候冷涼，茶樹發育緩慢，每年僅 5、6 月與 9、10 月間採製兩期，所產茶菁皆以人工採摘。

揉製方式 ››› 經文火烘焙，屬中輕發酵茶，茶乾呈半球狀

品茗味道 ››› 用「町金精神」製茶，町金烏龍是藍官金玉從產區、茶園、茶農、採摘、監製、試茶，親身參與每一環節，並請製茶師傅增加工序特別製作的茶品。茶乾帶有清新蔗糖香，沖泡後茶湯呈金黃色，入口花香清雅，隨後轉為果香，層次分明變化豐富。

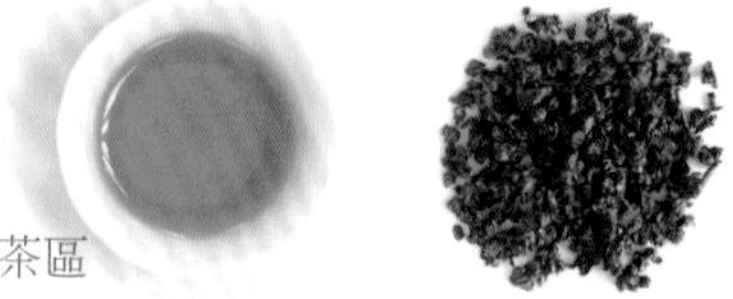

2 「百年合香」大禹嶺著蜒茶

採集地點 ››› 海拔二三〇〇公尺的大禹嶺茶區

採集時間 ››› 夏末秋初，依照當年度氣候，並非每年都有

揉製方式 ››› 屬中發酵茶，茶乾呈半球狀

品茗味道 ››› 大禹嶺茶可說是台灣烏龍茶中最高等級的茶品，也有人稱大禹嶺茶為台灣高山茶王。2016 年因氣候變遷，茶葉經小綠葉蟬叮咬，產生自然發酵，形成茶湯中帶有明顯的蜜香及果香味。飲後兩頰生津並持久不退，茶湯呈鮮橘紅色，並有特殊高山涼氣，是一款難得的經典茶品。

3 陳年包種老茶

採集地點 ››› 新北坪林

採集時間 ››› 1980 年

揉製方式 ››› 屬輕發酵茶，茶乾呈條索狀

品茗味道 ››› 採用最優雅、穩定且適於長期儲存的青心烏龍軟枝種，是極品之最。近 40 年陳放，茶乾經過自然轉化，湯色呈暗紅色，口感溫潤、甘美、渾厚又濃郁，並帶有明顯的人蔘甘味。老茶的特色就是溫和暖胃，協助安眠好睡，兼具嗜好性與保健性。

4 梨山正欉鐵觀音　著蜒

採集地點 ››› 海拔二一〇〇公尺的梨山茶區

採集時間 ››› 夏末秋初

揉製方式 ››› 屬中發酵茶，茶乾呈半球狀

品茗味道 ››› 茶樹栽植過程中，葉面經小綠葉蟬叮咬後，產生自然發酵，茶湯呈現濃郁蜜香味。甘甜度較一般烏龍茶為高，兼具花果香，口感及喉韻甘醇持久。

5 白毫烏龍（東方美人）

採集地點 ››› 新竹北埔、峨嵋

採集時間 ››› 夏季

揉製方式 ››› 屬重發酵，呈條索狀

品茗味道 ››› 又稱東方美人，茶樹栽植過程經小綠葉蟬吸食後，產生自然發酵，所以又俗稱「涎仔茶」。湯色呈優美的金琥珀色，茶湯中有股濃郁的果香味，時而又會呈現蜜香味，滋味豐富，非常受大眾喜愛。

“
生活是關於體會的美，茶亦是。
”

嶢陽茶行×王端鎧。百年茶葉家族的品牌革新

採訪／楊雅惠　攝影／楊弘熙

info

官網 ‣ www.geowyongtea.com.tw
長春旗艦店
地址 ‣ 台北市長春路 14 號
電話 ‣ 02-2562-1999

百年茶葉家族打造全新茶風尚

說起「嶢陽茶行」的家族史，彷彿是台灣近代史的縮影。王家第一代是來自福建安溪的王擇臣，一八四二年於彰化鹿港創建店舖，從事茶葉買賣。後來王擇臣的孫輩王淑景，將重心移至廈門，並創立「嶢陽茶行」，茶行的生意也逐漸擴展至台灣、香港、東南亞各地。而今更擴展茶行版圖，至上海開立分店。八〇年代，王家決定轉型，從外銷轉向經營內銷批發生意。直到九〇年代，第六代傳人王端鎧接手，決定將重心放在品牌經營。二〇〇四年，創建長春旗艦店，目標是讓台灣茶葉走向時尚與年輕化，希望改變一般人將茶葉與老人相連的刻板印象。

王端鎧決定將「嶢陽茶行」重新打造成年輕人也能接受的品牌。一是從包裝下手，採用精緻典雅的設計。二是將份量改為少量多樣。老茶客購茶以斤兩論，現在則改為以克論，拆解小包裝易於沖泡。三是空間強調明亮，一改以往老茶行予人的老舊印象。四是簡化喝茶程序，包括將茶葉採用原片袋泡茶，同時也開發易沖泡的茶具器皿等。五是以客為尊，為每個客人找到適合他的茶。

王端鎧表示，近年「嶢陽茶行」也接下如 LV VIP party 的異業合作案，讓冷泡茶裝入高腳杯，搭配馬卡龍、可麗露等精緻茶點。融合了東方的品茗文化與西方時尚品味，「嶢陽茶行」期盼能塑造出一種全新的「茶風尚」。

a 嶢陽茶行的空間寬敞明亮，充滿現代感。

b 位於二樓的空間，時常展出各種茶器。

c 第六代傳人王端鎧，決定將老字號的重心放在品牌經營。

d 粉色茶罐上有精緻的金邊波浪，這是從香港時期沿用至今的老茶罐，如今更顯浪漫懷舊情調。

複合空間再造茶香記憶

長春路的旗艦店一樓是販售茶葉及茶器的空間，櫥櫃及層架全數以玻璃鑲嵌，讓繽紛時尚的茶罐品項盡展眼前。二樓則打造為台灣陶藝家茶器陳售的嶄新空間。透過不定時各名家茶器展覽，也邀請老師們舉辦茶知識的講座與授課。而店內百年的暢銷招牌茶品，也以茶碟、茶皿等茶器直接盛裝，讓客人得以直接挑選購買。往深處走只見兩扇木門區隔出另一雅靜茶室。許多觀光客由於地緣關係進門，也有不少是慕名而來。對於海外的觀光客而言，「嶢陽茶行」飄散出的醇厚台灣茶香，正是他們最溫柔的記憶與最美好貼心的伴手禮。

1 僕山春紅

採集地點 ››› 多年勘找出來的野放茶園。一年只有除草兩次，不施肥、不灑農藥，採取完全天然野放的放養方式。因為這層緣故，僕山春紅的產量只有一般茶葉產量的十分之一，所以特別珍貴。

採集時間 ››› 4 月中旬

品茗味道 ››› 茶湯的色澤較紅，這是因為發酵帶出的葉紅素呈現的天然色澤。口感蜜甜、滋味十分濃稠，並帶有大自然清新的香氣。命名則是有感於野放的栽植方式，希望茶園裡的茶葉能在大自然的生態環境裡自由生長。因此取「僕人」之意，象徵「嶢陽茶行」期許做侍奉山野的僕人，盡自己的本份。

2 梔花烏龍茶

採集地點 ››› 南投

採集時間 ››› 4 月初

揉製方式 ››› 「嶢陽茶行」推出的「梔花烏龍茶」，共有 3 種品項可供選擇，包括簡便型的茶包，以及和霹靂布袋戲合作的袋茶，還有冷泡。這款花茶是選用來自八里的新鮮梔子花，再以採自南投的烏龍茶為基底，經過反覆數次的製作工序，讓烏龍茶葉能夠完整吸收鮮花香氣，讓兩者的香氣相互交融。

品茗味道 ››› 這款茶品具有新鮮的花香，又具烏龍茶的口感，品嚐起來格外讓人難忘，在香氣及口感上都更具變化。

“

喝茶也可以很時尚。

”

3 特級鐵觀音

採集地點 ››› 北部等區

採集時間 ››› 5月初

揉製方式 ››› 「嶢陽茶行」的招牌茶品就是鐵觀音系列，有其獨家的烘焙工序。「特級鐵觀音」是選用坪林茶區正欉鐵觀音來製作，並以嶢陽茶行最知名的烘焙工序「三焙三退火」來製作。第一焙的工序，在於去除茶葉本身雜質，可謂是去蕪存菁。第二焙則是針對希望達到的滋味、香氣做烘焙。第三焙工序稱為「覆焙」，也就是「再焙一次」之意，目的在於使茶葉的涵水量降到最低，提高茶葉的濃醇度。

品茗味道 ››› 香氣較沉穩，茶湯色澤較為深褐。

4 金獎高山烏龍

採集地點 ››› 阿里山

採集時間 ››› 4月中下旬

品茗味道 ››› 這款茶乾的色澤相當翠綠，是經過細火慢焙淬煉而出的菁華茶品。滋味甘醇，香氣高雅。烘焙度較低，茶湯色澤也較為清淺。這款茶品較重香氣，可搭配材質較輕薄、導熱速度較快的茶器。口感則是微甘的花香。

5 小種烏龍

採集地點 ››› 南投縣

採集時間 ››› 4月初

揉製方式 ››› 台灣許多烘焙的技術，都是由早期的武夷山傳統烘焙方式沿襲而來。所以後來凡是以武夷山傳統烘焙工序製作完成的茶品，便稱為「小種烏龍」。關於茶樹，「嶢陽茶行」特別選用種植4年至8年的新茶樹，這些茶葉較年輕，香氣屬於揚香，相對比較濃郁飽滿。

品茗味道 ››› 小種烏龍的烘焙度較高，口感因此特別香醇，喝起來甚至帶有些微的奶甜味，類似太妃糖的蜜甜。沖泡時建議使用95℃沸水，可使用朱泥或較具硬度的陶器茶器，可提出其香氣。

4
5

1
2
3

info

官網‣wolftea.com

· 琅茶熠熠 Wolf Tea Gallery

地址‣台北市民生東路四段 97 巷 6 弄 8 號 1F

營業時間‣週五至週六 13:00～19:00

· 琅茶舖 Wolf Tea Shop

地址‣台北市民生東路五段 36 巷 8 弄 23 號

營業時間‣13:00～19:00

琅茶×Arwen、David。讓台灣的山頭氣世界飄香

採訪／王涵葳、郭慧　攝影／張藝霖

喝回茶原味，屬於山頭氣的自然芬芳

對多數年輕一輩的台灣人來說，「喝茶」不是難事，因為瓶裝茶或手搖飲隨處可買，但如何從無到有地泡茶至品茗，卻是一件有難度的事——甚至對真實、無添加物的台灣茶滋味感到陌生，和茶處於一種「半生不熟」的關係。自小生長在阿里山的 Arwen，她對台灣茶的熟稔源自成長經歷，父親與親戚皆身在產業之中，直到北上唸書、工作後，才發現原來許多人對茶的原味很是陌生。當她有機會分享茶葉或親自沖泡給朋友同事們品嚐時，看到大家喝下的反應和新奇感，讓她深感可惜，「像是身邊有好東西，但大家卻不知道。為什麼台灣茶會在大家生活中缺席？」而如此的衝擊遂成為日後創辦「琅茶」品牌的種子。Arwen 將這段觀察和當時同在科技業的同事 David 分享，想將台灣茶的好讓更多人知道，兩人決定一同創業。

創業初期，David 一同回到 Arwen 的故鄉，在產地重新學習茶知識，跟在茶農身邊品嚐當季茶品，更請 Arwen 爸爸在旁提點聞香、啜吸、感受喉韻等品茗方式。「我們對茶的知識都是從產地來的。」回憶初次喝到阿里山高山烏龍，「那個味道是我不知道而且不熟悉的」，清甜的滋味讓他仍猶記在心，David 的喝茶經歷跟著琅茶一同成長，茶也逐漸成為他生活中不可或缺的一部分，「開始喝茶後，感官上有更多接觸，對生活也有更多察覺」。

a.Arwen 與 David 希望讓年輕世代也能輕鬆品茗，並逐步了解不同茶品的特色。

用單品茶和設計，將好茶帶下山

在茶農帶領下，兩人深深體會茶的千變萬化，即便是同一個茶種，只要產地、採收季節、採收時的天氣不同，或由不同製茶師製作，就會表現出不同滋味。為了讓顧客了解這些細膩變化，他們請 Arwen 爸爸精選不同山頭、季節的茶品，以 Arwen 爸爸名字中的「琅」字做為品牌名稱與品質保證，更為每一支單品茶（single origin）編號，讓顧客細細體會茶葉如何封存台灣的山頭氣和雲雨霧。「我們主要挑選台灣具有代表性的茶，其中高山烏龍更細分不同山頭，或是同一個山頭裡不同製茶師的作品。選茶風格則較為清雅。」

除了精選單品茶葉之外，琅茶也想讓顧客知道，自己口中或清揚纖柔，或飽滿馥郁的茶滋味如何形成。然而，茶知識繁複博雜，想吸引大眾興趣，得先化繁為簡。「我們將台灣茶分為清香、蜜潤、醇韻三種類型。先讓客人感受、選出偏好的種類，再以此介紹茶款。」為了讓顧客更了解不同特色的茶，琅茶也

a. 在琅茶熠熠 Wolf Tea Gallery 內，不定期展出與藝術工藝家合作的茶器系列作品。
b. 琅茶設計的茶器，特別推薦「蓋杯」，適合作為一人品飲的入門茶具。

b

a

將三種味道分別標以綠色、黃色、橘色標誌，更為每種茶款設計五角、方形、圓角等代表不同滋味的圖印。藉由簡單的色彩和幾何圖形，讓顧客在購買過程中自然而然地吸收知識。

從茶器到展覽，自生活底蘊滿溢茶香

Arwen 與 David 從生活經驗裡，體認茶在年輕族群裡的困境，「泡給大家喝，大家會很樂意，但多數人要自己動手的時候，往往會卻步。」琅茶為想喝茶卻無從下手的人提供幫助，不只是茶葉的不了解，還有器材的不足，因此琅茶選擇「蓋杯」做為他們出品的第一個茶器，蓋杯可以一次滿足「聞香、沖泡、單飲」三種用途，經典造型搭上台灣插畫家為品牌繪製的逗趣插畫，讓入門者容易上手。

不只精選單品好茶、推出單杯品飲茶器，琅茶優雅而內斂的設計風格，與簡潔而近人好理解的說明文字，更拉近了茶葉與消費者的距離。曾有日本客人這麼形容琅茶的禮盒，「像是日本武士的和服羽織，外頭看似只有素面單色，但裡層內藏著細膩繁複的紋飾，只有穿著的人才知道。」特意將細節藏在裡頭，是琅茶讓收到的人才能獨享的驚喜，還有將品飲台灣茶的小知識與月曆設計成冊的「歲時茶曆」，皆讓人愛不釋手。

琅茶除了成為許多人愛上台灣茶的起點，更吸引許多海外顧客慕名而來，曾被英國《MONOCLE》雜誌列為最愛選品、日本《Hanako》、《BRUTUS》雜誌選為「在台灣可以做的 100 件事」和「台灣代表茶品牌」。如今琅茶在台北充滿綠意的民生社區裡，擁有兩個實體店鋪，2018 年開啟的「琅茶熠熠 Wolf Tea Gallery」空間浸染著巷弄裡的生活氣息，鄰近公園旁的靜謐，更讓人心之嚮往，大片玻璃灑下陽光在充滿木製氛圍的場景裡，除了有琅茶的茶品，每季也將會與不同藝術家推出茶器創作展覽，「我們希望琅茶能提出一種想像，讓大家看到台灣茶如何融入新時代的生活。也經由大家的交流，讓這個想像越來越豐富。」

1 梨緻烏龍

採集地點 ››› 梨山翠巒，海拔 1900 公尺。

採集時間 ››› 春冬

製茶方式 ››› 輕發酵、乾燥無焙火。

品茗方式 ››› 沖泡前，可溫杯後先置入乾茶葉聞茶乾香；沖泡後以瓷湯匙輕抹茶葉與茶湯，可嗅出剛泡開的清雅花香，而多次回沖後仍不減豐盈香氣。特別推薦以瓷器沖泡，更能讓香氣表現細緻。

品茗味道 ››› 因梨山風土孕育，帶有雪白蘭花般的冷香純淨，彷彿含了一口山裡的霧氣般輕盈，因極高海拔蘊藏出的澄澈口感，清甜圓潤。

2 悠韻烏龍

採集地點 ››› 阿里山大凹，海拔 1400 公尺。

採集時間 ››› 春冬

製茶方式 ››› 輕發酵，由製茶手路經驗豐富的老師傅製作，發酵製成後有綠葉鑲紅邊的特色。

品茗方式 ››› 滾水 95℃以上沖泡，第一泡可做溫潤泡來醒茶，水量不需多，蓋過茶葉即可。

品茗味道 ››› 經典的阿里山烏龍茶的花香調，老師傅忠實呈現夢幻茶區的的豐厚茶質，最大特色是喉韻甘甜悠長，有層次口感久久不散而生津回甘。

3 果韻鐵觀音

採集地點 ››› 木柵指南，海拔 370 公尺。

採集時間 ››› 春冬

製茶方式 ››› 中發酵、重焙火。茶葉呈深色緊實球狀，花費三天時間反覆焙揉的繁複製程，經過二十幾道工法淬煉。

品茗方式 ››› 滾水 95℃以上沖泡，第一泡也可做溫潤泡。

品茗味道 ››› 呈現台灣特色烏龍的製茶工藝，恰到好處不過頭的焙度，喝完喉嚨不燥，感受得到烤堅果般的香氣，入口帶有微酸韻味，茶質渾厚耐泡，屬於老靈魂的韻味，擁有一群死忠的愛好者。

4 東方蜜美人

採集地點 ››› 苗栗頭份，海拔 170 公尺。

採集時間 ››› 夏冬

製茶方式 ››› 70% 的發酵，又稱白毫烏龍，綴有白毛的枝條茶葉，屬於客家特色茶，茶樹種植生長過程中被小綠葉蟬叮咬過，呈現獨有的蜜香。

品茗方式 ››› 75 ～ 85℃水溫沖泡，也適合冷泡。

品茗味道 ››› 因發酵程度特別高，口感香醇近似紅茶，帶有特色識別度的蜜香和豐厚膠質的軟水口感，更可以滿足嗜甜者的味覺與嗅覺。

5 奶萱紅茶

採集地點 ››› 阿里山石棹，海拔 1300 公尺。

採集時間 ››› 初夏 6 月、晚夏 8 月

製茶方式 ››› 使用台茶 12 號金萱樹種，全發酵製成球型紅茶，獨到手法由擁有二十年經驗的茶人所製。

品茗方式 ››› 高溫沖泡，第一泡也可做溫潤泡來醒茶。

品茗味道 ››› 茶葉天然散發濃密奶香，茶湯口感卻清爽，有著「不用加奶的奶茶」之稱，後韻也有喝完奶茶的甜香口感。琅茶的奶萱紅茶存放陰涼乾燥，經時間催化後，當茶葉與空氣繼續交互作用，茶湯的柔軟度會提高，轉化成明亮的微酸果香。

山生有幸×楊垣翰、郭峻堯。延續百年製程的茶韻味

採訪／王涵葳　攝影／星辰映像 雷昕澄
場地提供／稻舍URS329　圖片提供／山生有幸

info

官網‧www.mountainluck.com
電話‧02-2962-9777

成立於二〇一三年的「山生有幸」，看似是年輕品牌，實則由百年茶農轉型。兩位創辦人楊垣翰、郭峻堯為大學同學，前者來自百年茶農世家，往返於南投與台北之間，執掌產地田園管理，後者組織品牌的文案與策略管理，兩人一同把對台灣農業與土地的熱愛，投身至台灣茶產業之中。

山生有幸的茶皆栽製於南投的鹿谷鳳凰山，屬於最富盛名的凍頂茶區，擁有傳承五代百年歷史的製茶技術。有感這些傳統技藝將漸漸失傳，山生有幸雖然包裝新穎，但所有茶品仍遵循古法——舊時為出口茶葉，盛行以炭焙工法提高乾燥度，以利長時間的運輸保存。而時至今日，除了日新月異的先進技術，人們喜好的風味也改變了，帶有炭焙熟香的烏龍茶，在市場上也就少見了，山生有幸能復刻出百年前的滋味，是來自楊垣翰的父親大半輩子與茶為伍的絕活，如同山生有幸想和大家述說的「百年傳承、駐足半生」，喝到一口歷時百年風華醞釀的茶湯，而讓人下半輩子都想持續地喝下去。

好茶滋味在於「平衡感」

別於實體店鋪的經營模式，山生有幸專注於通路發展，憶起前幾年常遇上擴點不順利的挫折，但經過品牌幾年下來穩定成長，在許多網路與實體通路都能看見山生有幸的茶品，除此之外，在不少獨立咖啡店內也能品

a.b. 山生有幸從南投鹿谷鳳凰山的百年茶園出發，將歷史悠久的製茶技術帶往下一個世紀。
c. 聯名茶款「紫色大稻埕」，取自同名小說，由作者謝里法以大稻埕茶行時代描寫的動人故事。
d. 舊時鹿谷凍頂烏龍茶的包裝袋，象徵著山生有幸的傳承使命。

飲。郭峻堯也特別偏好獨立咖啡店的特性，「店主想找比較獨特少見的品牌，也比較願意選用品質好相對價格較高的商品」，在茶葉化學與評鑑下足功夫的兩人，與咖啡師相互交流，從咖啡的評測上學習到不少，融合在茶業改良場的學習，他們為山生有幸設計出獨有的評比分級表，自香氣、風味、滋味、質地、後味，透過這五大方向感官來選茶，以此解決不同群族對口味上的分疊，「長輩喝茶偏重喉韻、年輕族群重香氣，但味道太過強烈也不一定能被接受。」因此茶品在各個面向上所呈現的平衡感，是山生有幸的選茶準則，以此標準製作出不分族群都認為是好喝的茶，也期望喝茶並非遙不可及的事。

喝茶是過日子的最低標準

茶經驗是需要經年累月的累積，才能讓身體了解好茶，而且味覺是可以被訓練的。因此僅管自家就有喝不完的茶，楊垣翰與郭峻堯仍會喝市面上的罐裝茶和手搖飲料，透過這些鍛鍊自己的味覺記憶。不僅讓人好奇開始喝茶後對生活帶來什麼樣的影響，他們引用了《民國茶範》這本書中愛茶文人——聞一多所言，「茶是生活的尺度，而喝茶是過日子的最低標準。」這麼說一點也不過，從事茶產業之後，兩人的生活便圍繞在田園管理、栽製烘焙、評鑑、分級、產品規劃，每一道環節都與茶息息相關，這便是山生有幸的日常，以深愛茶的心情，推廣著台灣土地及山林所孕育出的美好事物。

1

半生熟烏龍

採集地點 ››› 鹿谷 鳳凰山

製茶方式 ››› 中發酵，半球型包種茶、重焙火

品茗方式 ››› 建議使用陶器或紫砂壺沖泡

品茗味道 ››› 遵古炭焙的傳統風味，以松枝及龍眼炭不斷火燻烘，徐徐轉化熟火香，有效降低咖啡因。鼻前嗅覺感受濃郁炭熟香，入口滋味醇滑、喉韻回甘，鼻後嗅覺帶有堅果與龍眼炭香。

2 鳳凰烏龍茶

採集地點 ››› 鹿谷 鳳凰山

製茶方式 ››› 中發酵，半球型包種茶、未焙火

品茗方式 ››› 建議使用陶器或瓷器沖泡

品茗味道 ››› 採傳統紅水發酵工序，轉化茶多酚等物質、增加口感層次與多元香氣，茶湯入口後的甘醇，與喉頭茶韻的稠密飽滿，鼻後嗅覺帶有獨特果蜜香。

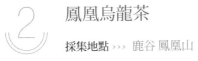

3 鳳凰小葉紅

採集地點 ››› 鹿谷 鳳凰山

製茶方式 ››› 全發酵，條索型紅茶、未焙火

品茗方式 ››› 建議使用瓷器或玻璃壺具沖泡

品茗味道 ››› 不同於現今主流阿薩姆等大葉種紅茶，嚴選自栽夏季小葉種「軟枝烏龍」。採紅茶揉捻與發酵製程，轉化芽葉豐富的多酚物質，馥郁熟果香與秀氣尾韻於入口後爆發，用舌心感受茶湯細膩收斂的層次感。

4 百年生烏龍

採集地點 ››› 鹿谷 鳳凰山

製茶方式 ››› 輕發酵，半球型包種茶、未焙火

品茗方式 ››› 建議使用陶器或瓷器沖泡

品茗味道 ››› 採輕發酵工序揉合烏龍葉絡的生津口感，入口感受濃郁果膠帶進喉頭的順口甘甜，與鼻後嗅覺揚起的芬芳蘭香。

5 含笑花烏龍

採集地點 ››› 鹿谷 鳳凰山

製茶方式 ››› 輕發酵，半球型包種茶、古法窨花製程

品茗方式 ››› 建議使用瓷器或玻璃壺具沖泡

品茗味道 ››› 採古法窨花製程，茶葉薰花後再經人工挑篩花瓣，大幅提高風味純淨度，鼻前嗅覺在沖泡過程即可感受到獨特蕉果香氣，滋味甘甜順口更是一大特色。

“喝茶是我們的工作，更是日常。”

以好茶為媒介，開啟味覺美學旅程

三徑就荒×Vicky、Dennis。

採訪／陳慧珠　攝影／星辰映像 雷昕澄

info

官網‣www.hermits-hut.com
地址‣110 台北市信義區忠孝東路四段553 巷 46 弄 15 號 1 樓
電話‣02-2746-6929

從小看著母親學習茶道耳濡目染，深受茶的豐富和美吸引，習茶多年的 Vicky，和先生 Dennis 兩人在二〇一六年成立茶文化品牌「三徑就荒」，從線上平台出發，初試啼聲即吸引不少目光，這也是隔年三徑就荒在台北松菸文創園區旁的安靜巷弄開展出實體空間的起點。

知識系統化的「茶誌」，推廣茶走進日常生活

創立初始便定調品牌以「味覺開發」為主軸，帶領現代人從有系統、簡易入門的方式認識茶。原因是 Vicky 過去學茶，拜師學藝須經過很長的時間，慢慢摸索，逐步建立自己的學習體系，但忙碌的現代人鮮少能做到，茶在日常生活中的比例越來越小，對茶的態度也逐漸兩極。Dennis 說道：「過去多年來，許多茶人前輩們將茶文化變得非常美、非常地享受，但是門檻也相對較高。對一般大眾而言，若是對茶的認識不夠豐富時，會比較難接觸到，相當可惜。」為了推廣分享茶的美好，他們共同的理念是反其道而行，「先簡單化，讓更多人先願意喝，被感動了，再從喜歡的風味裡，回頭了解認識喝的是什麼茶，該怎麼泡。」

關於三徑就荒選茶的原則，Vicky 分享：「一款茶的製茶過程是否符合該茶種的傳統工序，呈現其原始的迷人風味，是我們最重要的準則。」其特有的「茶誌」配送服務，便是將每月嚴選出三支茶品，並透過「茶卡」，

a.c. 茶室空間沿續「三徑就荒」的寓意內涵，簡約質樸。
b. Vicky、Dennis 希望藉由知識系統化的「茶誌」，將茶的美好傳遞給更多人。

將製茶師的動人理念、品茗的方式及過程，以理性的數據明確呈現——清楚列出每款茶葉最適宜的茶水比、茶葉量和沖泡建議，甚至連茶湯的風味也是以日常中常見的花卉、食物等，每個人都能理解的味覺記憶來譬喻敘述，幫助對茶不熟悉的大眾，自然地更了解茶品的豐富風味。

質樸而有味的茶空間

「三徑就荒」之名取自陶淵明在《歸去來辭》中的「三徑就荒，松菊猶存。」意指隱士居所質樸地接近荒蕪，卻內蘊著美好本質。這樣的精神也沿續於茶室空間的設計，店內運用大量幾何線條及圓弧吧檯勾勒出簡約的意象，藉著榻榻米、水泥等材質最原始的質地變化切換空間。大至桌子、櫃子或門板等傢俱配件，小至泡茶的各種道具，幾乎選自世界各地、有著前人生活痕跡的古道具，也許看似質樸卻自成一格。

泡茶前先起炭焙茶，也是三徑就荒的特色之一，吧檯區有一方終年續熱的炭爐，炭灰中掩著一塊塊燒透炙紅的炭塊，以待客人點茶。上茶時，除了一整組的茶席器具，同時附上小小的炭爐以烘炙茶葉，去雜味潮濕，烘出茶香也提升味覺層次。煮水也可選擇炭爐或定溫壺，享受不同的茶湯質地。

不只茶，
美好有趣的事都能在此發生

因為把茶當作媒介，茶空間作為平台，只要覺得有趣、美好的事，夫妻倆都想嘗試。每個月「跟著味蕾愛上茶」品茶課程，循序漸進從風味入門，學習多樣的茶種特色、製程，使用真實花材、食材、藥材等來做風味比對。自己也教茶的Vicky：「這是把茶誌實體化，每個月辦一次，體驗沖泡當月的選茶，主題化的單堂課程，就像品酒一樣，單純認識並且享受一支茶。」而Dennis則是期待，「讓人可以更有能力在家為自己沖泡一杯好茶，享受跟茶對話、茶席的美感，或是茶的變化型。」

而圍繞著茶的味覺跟系統，兩人也從品酒、咖啡、美食當中學習跟當代生活習慣以及價值觀接近的品茗形式，店內的「茶酒特調」就是這樣的嘗試。Vicky解釋以茶為出發的調酒設計：「茶本來就會有前味、中味跟後味，每個階段可以用不一樣的手法呼應或加強，進而將茶本身最獨特、優美的特性再放大。」像是金萱，除了大家熟悉的奶香，中段還有細緻的果香，於是調酒時加入鳳梨果泥提出果香味，再以香蘭葉帶芋香的特色飽滿原本的奶香，尾韻的延續也更溫潤綿長。Dennis分享道：「只是轉換思維，發現茶結合酒其實是一加一大於二的加分效果。」茶，原來其實比想像中更當代，寬廣而隨心，這其實也就是生活的本質。

a. 茶空間處處可見古道具，連大門也不例外，別具生活風味。

b.c. 三徑就荒有一個終年續熱的炭爐，上茶時，再將炭塊放進桌上型的小炭爐，以烘炙茶葉，去雜味潮濕。

茶席之美不用很嚴肅、很複雜，
一人一杯一茶，即自成一個茶席。

1 高山金萱

採集地點 ››› 嘉義，阿里山，海拔 1300 公尺。

採集時間 ››› 春季

揉製方式 ››› 深綠色球型

品茗味道 ››› 屬於青茶類的高山金萱，香氣溫潤怡人，是大家耳熟能詳，接受度也很高的茶品。品茶時，茶乾具有奶香與豆香，沖泡後的金黃色茶湯，口感平衡回甘，風味轉換成清淡的白花香，如七里香。延續不變的是溫潤的奶香味。雖然是球型茶，但高山茶建議水滾後離火至沒有氣泡聲再注水，較易展現其高揚清新的香氣。

2 凍頂烏龍

採集地點 ››› 南投，名間，海拔 200 公尺

採集時間 ››› 春季

揉製方式 ››› 墨綠帶棕褐色的緊結球狀

品茗味道 ››› 茶乾透出蔗糖帶辛香料的氣味，橙紅色的茶湯口感豐富細緻，溫和而回甘。主要的風味揉合蘭花、熟果香、奶油、果酸。由於傳統製茶法中凍頂的烘焙較重，第一泡需要較長的時間讓滋味慢慢釋放出來，而高溫則有利於球型烏龍的發香。

3 南湖大山著蜓

採集地點 ››› 台中，南湖大山，海拔 3740 公尺

採集時間 ››› 春季

揉製方式 ››› 深墨綠帶紅褐色的緊結球狀

品茗味道 ››› 帶有砂糖香氣的茶乾，沖泡後茶湯呈現明亮的琥珀色，醇厚而略帶收斂性的口感，可以品嚐到蜂蜜、熟果、堅果、百香果和果酸的風味。馥郁厚實的滋味，品茗後的杯底，卻又帶有清新的花香結尾。想沖泡出這支茶的豐富層次，起泡溫度不須過高，若些微降溫更能帶出蜜香。

4 陳年鐵觀音

採集地點 ››› 新北，三峽，海拔 300 公尺

揉製方式 ››› 黑褐帶淺棕色的緊結球狀

品茗味道 ››› 經過陳年的時間變化，茶乾展現出熟蜜香、焦糖香和溫暖的木質香。橙紅色的茶湯，入口風味溫潤，喝得出棗酸香之外，還夾著蘭花、熟果香及奶油香，喉韻明顯而回甘。沖泡時，因為鐵觀音茶乾緊結的特性，因此充分地暖壺，注水時高溫及高沖，更能發香也舒展茶葉。

5 台灣原生山茶

採集地點 ››› 南投，魚池鄉，海拔 700 公尺

採集時間 ››› 夏季

揉製方式 ››› 黑色帶褐色的細長條索狀

品茗味道 ››› 屬於紅茶種的原生山茶，經過傳統工法揉製的茶乾具有蜂蜜、乾草和蜜棗香氣。沖泡後，橙紅色茶湯口感溫和，品茗時可以感受薄荷、土壤、蜜地瓜的風味。滋味溫厚的台灣山茶，沖泡到一定濃度時，可以再提升茶湯中的蜜糖香。

無事生活×無事三姐妹。
浸染茶香的禪意生活

採訪／王涵葳　攝影／張藝霖

info

官網‣www.caketrees.com
地址‣台北市信義區吳興街 461 號
電話‣02-2962-9777
時間‣週三至週日 13:00～20:00

大姐策展、二姐行茶、三妹拚花，吳家三姐妹合力打造的空間——無事生活，深入台北信義區近山邊的公寓一樓，小茶館裡的滿室老件讓踏入者感受到古樸韻味。原本從事不同行業的三人，因茶而起，將生活與喜愛的事物共同串連。從前身品牌「拚花點茶」開始，進行茶與花結合的文化活動，多年下來，也累積不少豐厚經驗。

茶與花藝、活版印刷融合的生活美學

三姐妹各司其職，在無事生活裡，二姐曉貞主理茶事，過往曾在紫藤廬工作，至今仍會回去協助內部教育訓練，從扎實的茶工夫，泡茶時的行雲流水，都有著她講究的心手合一。原先任職科技業的她，接觸茶的契機源自大姊曉慧的引領，爾後離職踏上自助旅行，也不忘帶上一組輕便茶具隨身。旅行同時是三姐妹生命裡很重要的體會，從向外看世界進而回頭深究自己的文化，這些年他們在海外辦過不少茶會，以茶會友，當外國朋友來台灣時，帶他們到茶館喝茶也成為固定行程，因此催生想擁有自己空間的念頭。尋覓五年，終於落腳，無事生活像是她們這些年的集大成，所愛之物都身在其中。

店內一樓，可坐下點茶品茗，供應的茶款多元，分為五大系列：舒壓、修心、養生、戀愛及老饕，種類囊括綠茶、紅茶、烏龍茶甚至野生茶及老茶皆有，更難能可貴的是約百分之七十為自然生態茶，在講究食物來源的

a. 位於地下一樓的靜心空間，不定期舉辦的茶會、講座、展覽。
b. 無事三姐妹，由左至右：小妹曉柔、大姐曉慧、二姐曉貞。
c. 對無事而言，喝茶就是生活的留白，提醒你好好活在當下。
d. 無事生活空間內也將吳爸爸的活版印刷珍貴道具陳列出來。並不定時舉辦相關課程。

當代，她們為茶的品質加以把關，多選用以自然農法摘栽種的茶品，即使是怕喝茶會睡不著或胃寒的人，來這裡也能放心品茶。「當茶湯進入身體，茶的好壞，身體自然會知道」，這就是曉貞所說的飲茶「體感」。

走入樓下的靜心空間，不定期舉辦的茶會、講座、展覽，不同於傳統茶館的形式，許多以茶生活延伸的活動都有可能發生，茶與花藝、電影、食物結合，也將父親一生志業的活版印刷放入其中，同為老祖宗留下的古老技藝，把茶和活版印刷結合，推出二十四節氣杯墊，每隔二周隨著時日換上新節氣，只要來到無事生活品茶，就能自己手動印出帶回家——節氣氣候正是影響茶品質的關鍵，用有趣互動的方式讓茶與生活更貼近，也是無事生活想和大家提倡的事。

為繁忙的日常留白，從喝茶開始

穿著布衣，紮起頭髮的曉貞，為我們泡上一壺茶，在片刻的寧靜中，聆聽著水燒開、再注入壺中的聲響，想起繁忙生活的現代人有多久沒留時間給自己？在無事生活，喝茶就是生活的留白，「再忙也可以留五分鐘給自己，用馬克杯、茶碗，就能泡一杯簡單的『單杯茶』。在泡茶的過程中，一次只做一件事，清楚察覺自己的每個動作。提醒自己放鬆身心，享受當下。」感受心手合一是曉貞的體會，同時也將這份領悟推及到所做之事，無事生活所想傳達的便是放鬆心無旁騖地做好一件事。

好茶無藏

1
自然生態綠茶 / 舒壓系列

採集地點 >>> 三峽

製茶方式 >>> 無發酵

品茗方式 >>> 降溫泡，可先注水，加入再茶葉

品茗味道 >>> 醒腦放鬆，沒有咖啡因，入口後帶有綠豆或海苔的清香。

2
「本山」台灣喬木野生茶 / 修心系列

採集地點 >>> 屏東

品茗方式 >>> 高溫沖泡

品茗味道 >>> 由原住民上山採集的野生茶種，可遇不可求，數量珍稀，茶色淡雅卻有味，帶有森林氣息的香氣，尾韻蘭花調的清香。

“

每天留個時間，只要五分鐘就可以，
用茶找到生活裡的留白。

”

3 「冬白」自然生態白茶 / 養生系列

採集地點 ››› 宜蘭

品茗方式 ››› 白茶通常是降溫泡，但這款白茶建議高溫泡，適合瓷壺。

品茗味道 ››› 雖性涼但還算溫和，身體若燥熱可調節，尾韻帶有東方美人的錯覺，清爽帶點果酸的韻味。

4 「韶音」自然生態蜜桃香烏龍茶 / 戀愛系列

採集地點 ››› 宜蘭

品茗方式 ››› 降溫泡，約 85 度水快沖快倒；條狀茶葉也適合單杯茶享受靜心時刻。

品茗味道 ››› 帶有近似蜜桃甜味的溫潤香氣，從第一泡至最後一泡皆淡雅芬芳。

5 陳年老烏龍 / 老饕系列

採集地點 ››› 南投凍頂

品茗方式 ››› 高溫沖泡

品茗味道 ››› 經過二十年存放的凍頂烏龍，少量分批與茶友們共享。迷人的熟果香經過時間而淬煉出來。

單杯茶

每天五分鐘的靜心喝茶：只要使用平時的飯碗或馬克杯作為茶器，將茶葉置入後聞香感受，注入整個器皿約三分之一的水量，捧茶碗感受後再喝，感受茶湯進入身體的感覺，喝到約莫剩下三分之一，可再沖下一泡，此為一回，可以每日感受進行 2~3 回。

慢・茶空間╳劉惠華。

越慢越好喝的茶

文／chienwei wang　圖片提供／慢・茶空間　攝影／Adward

info

地址‣台北市大同區迪化街一段94號2樓
時間‣採預約制
網址‣www.facebook.com/slowteahouse

一處「慢下來」的地方

多年前「慢・茶空間」由鳥語花香的淡水山腰，遷址到富有人文氣息的迪化街，不變的是其優雅閑靜的空間氛圍。「慢・茶空間」創辦人Sophie（劉惠華）累積10年品茶經驗，可說是新一代的茶人。「愛找茶」的她，常常獨自前往中南部山區及中國茶區拜訪茶農及製茶師，只為尋覓好茶。她指出，「因為現代人腳步都太快，沒法好好坐下喝一杯茶，強調『清淨心、品好茶、聞好香』的慢・茶空間，就是要人們將心靜下，好好的去品一壺『有能量』的好茶！」

從紛擾大街走進「慢・茶空間」，彷彿置身在一處幽靜之處，在這裡沒有過多的裝飾，有的只是讓人安住那一份紛擾之心的氣氛。「在簡單中找到深度的慢・茶精神，我們希望創造一個愛茶人可以舒適共處的空間，因此空間設計採低調簡約，目的是要讓茶人在最少干擾的環境靜下心來與茶對話。」空間雖然不大，但雅致富巧思的佈置，瞬間撫平進入屋中人們的心。

而在這寂靜的空間，也已經培養出多位「正念茶師」，當然這裡也是茶人們平時飲茶聊天的小空間。而在空間也展示有各式各樣的茶壺、杯具、用來觀賞和聞茶菁香味的木製「茶則」、舀取茶菁的木製「茶勺」，以及由「慢・茶空間」推出的各款茶葉包裝商品。

a. Sophie 認為「慢」是一種美學，腳步放得越慢，能體會到的東西越多。
b. 慢．茶空間幽靜雅致，富人文氣息。
c.「慢．茶席」，希望人們能靜下忙亂的心，品味好茶，與茶對話。

覺知品茶　品出慢中滋味

除了要緩慢用心體會茶的奧秘，慢．茶空間開設的「正念茶學」、「正念覺茶」和「慢．茶席」三種風格的課程及品茶會，其中正念覺知品茶是 Sophie 目前致力推廣的方式，那什麼是正念？簡單說就是「吃飯時知道在吃飯、走路時知道在走路、喝茶時知道在喝茶」。Sophie 說明正念是一種覺知的生活態度，現代人生活忙碌，鮮少人知道自己當下在做什麼，只知道快速的往下一個目的地前進，也許慢下來反而讓你更快達到目標。「正念是覺察也是相處；與自己的相處，與時間的相處，與空間的相處，與一切萬物的相處……，在正念覺知中，我們可以學習到——當行程愈滿，心愈慢。」

閉上眼，做觀呼吸練習，釋放身心的壓力感，學習與自己的正念生活，睡前或起床時、搭車時、品茶前……無時無刻都可以做。這個融合正念覺知的品茶方式，也讓「慢．茶空間」跳脫一般尋常茶館做法，除了品茶香，也品味著茶中的精神與意念。

1 台茶十八號 / 清木

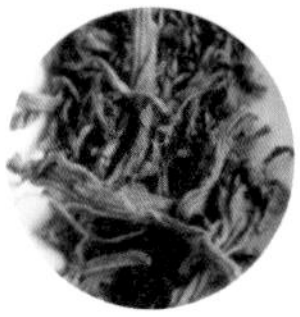

採集地點 ››› 南投魚池鄉五城茶區

採集時間 ››› 春、冬採集：茶湯甜味較高；夏、秋採集：茶湯滋味強烈鮮爽，香氣層次較豐富。

揉製方式 ››› Sophie 指出，來自製茶世家的特等獎製茶師製作過程嚴謹，絕不會將不同茶田的茶菁混在一起，每一批紅茶都嚴謹分級。

品茗味道 ››› 採用本土紅玉茶菁，揉捻後條索分明。茶湯瑰紅亮麗，入口後茶氣往下行，口感中帶有肉桂風味，落喉薄荷香，口感渾圓厚實，淡淡的薄荷香氣與天然的熱帶水果香。慢．茶主推的「台茶十八號——清木」為 A+ 等級茶葉，適合對紅茶挑剔和消化系統不好的茶客。此款茶葉可採玻璃或瓷器沖泡，建議沖泡溫度 70 至 88℃，才不會破壞兒茶素的含量。

2 蜜香紅水烏龍 / 尋蜜

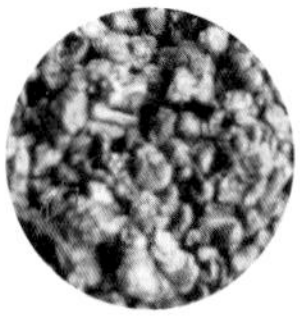

採集地點 ››› 尋蜜烏龍茶種位在南投仁愛鄉廬山茶區，海拔 1800 公尺處。

採集時間 ››› 採紅茶製程的「尋蜜」茶，只有夏天跟秋天才能製作，因此數量稀有，必須預訂。

揉製方式 ››› 採紅茶製程發酵，以一般烏龍茶方式揉捻成球狀。

品茗味道 ››› 在製程中會產出的特殊的蜜香，讓品茶的人有如飲入蜜香風味的獨特的口感。Sophie 指出，這是一款「熟女喝了會微笑的茶」，每每飲用都會「甜在口裡、笑在心裡」，很適合第一次接觸品茶的女生飲用。此款茶葉可採陶、瓷器沖泡，建議的沖泡溫度為 85 至 95℃。

> “以心入茶，心念對了，人對了，茶也對了。”

3 重焙烏龍 / 龍嘯

採集地點 ››› 龍嘯烏龍茶種於海拔約 1,650 公尺的南投仁愛鄉大同山茶區。

採集時間 ››› 一年四季皆可

揉製方式 ››› 採重焙製程

品茗味道 ››› 味道比較濃郁，回韻口感很強，茶湯豐富但沉著，喝下去就好像有一條龍以優雅姿態在口中翻騰，是很適合打坐或靜心的茶品。此款茶葉可採陶、瓷器沖泡，建議沖泡溫度為 90 至 95℃。

4 高山烏龍 / 松吟

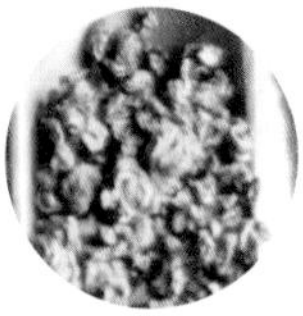

採集地點 ››› 松吟為烏龍茶種位於海拔約 1,000 公尺的中央山脈玉山區

採集時間 ››› 夏季及秋季

揉製方式 ››› 以紅茶製程後再用特有的五葉松燻製，因此茶湯如紅茶但帶有花旗參的特殊口感，十分獨特。

品茗味道 ››› Sophie 說，松吟茶質良好渾厚，因此茶菁非常耐泡，口感也很紮實，沖泡約 5 至 6 次後，花旗參味道呈現越明朗，越喝越是清香淡雅。松吟是慢．茶主推的獨家茶品，具備有機認證，此款茶很適合對品茶極為挑剔的老茶人，可採陶、瓷器沖泡，建議沖泡溫度為 85 至 95℃。

5 輕焙烏龍 / 輕淨

採集地點 ››› 輕淨烏龍茶種位於海拔約 1,650 公尺南投仁愛茶區

採集時間 ››› 一年四季皆可

揉製方式 ››› 用輕焙的製程技術把茶菁中的雜質去除，讓茶湯完美表現無遺，也是慢．茶席間指定的茶款。

品茗味道 ››› 因為是給入門飲用者，味道淡雅的清淨非常適合上班族飲用，或是在吃完重口味的大魚大肉之後，可藉由茶香淨化味蕾及心靈。可採陶、瓷器沖泡，建議沖泡溫度為 85 至 90℃。

3
4
5

1
2

圖片提供 © 采采食茶文化

Part 4

台灣風格茶空間

喫茶去！風格茶屋 6+

小小島國蘊藏多樣繁複的茶種，交織出細緻紛繁的味覺宇宙。
街頭巷尾一家家茶屋更以獨特風韻，詮釋新時代風格茶的繽紛面貌。

圖片提供 © 八拾捌茶

八拾捌茶輪番所

穿梭時光的安穩靜好

日治時期，執政者在西門町建立新的商業街區，一時熱鬧非凡；時移歲轉，如今的西門町則是青春時尚的國際觀光景點。隱藏在西門町鬧區一隅，建於一九二四年的輪番所，原為西本願寺住持宿舍，此後歷經火襲頹圮與修復，透過臺北市「老房子文化運動計畫」，在保留磚造基礎、原木樑柱及日式迴廊的情形下，茶品牌「八拾捌茶」進駐，為城市增添一房古樸優雅的茶屋。

八拾捌茶從選茶、烘焙、包裝、設計都一手包辦，把茶當作一種語言，和這片土地對談；透過獨家窨製工法，將香氛視為一本百科，典藏大地的豐饒。來到這裡的人們可以品嚐以在地烏龍、包種、東方美人等茗茶結合野薑、桂花、柚花、蓮香製成的台灣花茶，佐以精緻的台菓子、和菓子，在木造窗鄏的光影之間，停下腳步，享受花香、茶香相伴的雅逸時光，回歸最甘醇原味的自己。

eightyeightea.oddle.me

台北市萬華區中華路一段 174 號

（02）2312 － 0845

推薦茶品

泊心灸茶法

——銅銀烤茶

由八拾捌茶烘茶師特別研發的新泡茶法「泊心灸茶法——銅銀烤茶」先以文火去除茶葉中的濕氣，

使茶葉能還原至最初的韻味，昇華香與甜，再以《溫聞含飲靜》五字訣，從茶具到茶湯，從茶湯到精神，靜心感受一碗茶的不同風貌。

圖片提供 © 十間茶屋

十間茶屋

最簡單的不簡單

十間茶屋創辦人 Franco 出生製茶家族，對於台灣茶有極深層的情感，體認到品茶在現今的時代，應有更容易親近的特質，希望讓台灣茶變得更純粹而簡單。故於二〇一六年創辦「十間茶屋」品牌，選在台北市的巷弄內，相較於複雜的街景，茶屋建物外觀使用純白色為主色調，並用最低限度的裝飾去創造簡與美的茶空間，周圍以玻璃帷幕引進自然的光線，呈現視覺的穿透感，亦能感受一日之中茶屋裡的光影變化，用優雅緩慢的姿態更貼近日常生活。

在摩登外表下，這裡更吸引人的是細柔茶香。店內茶師專注地注水，手沖茶香優雅飄散，讓習於追逐手沖咖啡與西式文化的年輕族群也不禁驚嘆茶世界的精深美好。除了選擇現場以熱泡、冰滴和熱沖冰三種方式沖泡茶飲，炎炎夏日也適合來瓶清爽冷泡茶。不熟悉茶味的人們，可以先從玻璃茶瓶上數字標示的茶葉烘焙與發酵度，尋找最適合自己的口味。十間茶屋跳脫了封閉的泡茶空間，創造開放式的喝茶體驗，讓人們坐在窗邊品茶，透過沒有界定內外關係，拉近人與人之間的距離。

shijiantea.myshopify.com

台北市信義區忠孝東路四段 553 巷 48 號

（02）2746 － 5008

推薦茶品

暮梨紅水（Ruby Tear）

「暮梨紅水」產自海拔 1600 公尺的梨山茶區，以重發酵的方式製作。橙黃偏紅的水色，散發新鮮的蜂蜜香氣，因為發酵過，所以帶著喉韻和自然的甜味，在回甘中讓人想一喝再喝。獲得英國星級美食大獎 Great Taste 二顆星的殊榮，為十間茶屋最自豪的獨家茶品。

圖片提供 © 開門茶堂

開門茶堂

茶香是家的溫度

在台灣傳統文化中，泡茶不僅是待客之道，更是滿溢親友情感的記憶。「開門茶堂」創辦團隊為空間設計師，把對設計的堅持與對家的想像搬到茶堂，希望讓更多朋友品味有茶的好生活。他們認為，喝茶，不應該是一種儀式，透過精選設定的茶具與方法，把繁複步驟精準轉化，簡單注水就可以品嘗到美味茶香。開門茶堂不僅提供嚴選的台灣各地好茶以及中、西式茶點，也選用許多本土設計師品牌器皿及家具，更以鐵件、原木呼應戶外老榕樹，營造出充滿「家」的怡人溫度。用最單純直接的待客之心承接茶世界的無垠，讓每一位來客細細感受在家喝茶的從容自如，重溫兒時全家圍坐泡茶的溫度。

www.cidesigntea.com

台北市松山區民生東路四段 80 巷 1 弄 3 號

(02) 2719 － 9519

推薦茶品、茶點

丹鳳烏龍＋秘製綠豆糕

◎產自台東鹿野的紅烏龍，因台東的好山好水自然環境，吸引小綠葉蟬著涎，創造出濃厚的蜜香。於二〇一七年取得有機認證，以特殊的烘焙發酵技法製作，讓茶湯保有烏龍韻，卻帶著紅茶的醇厚。

◎開門茶堂遍尋台灣街坊巷弄，透過老師傅的巧手重現經典台灣味——秘製綠豆糕，以自家秘藏比例，完美結合松子、棗泥、蔓越莓、純米麻糬及綠豆糕，溫順綿軟的口感，是經典的茶食糕點。

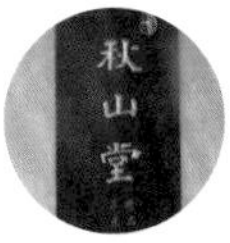

圖片提供 © 秋山堂

秋山堂

當代人文茶美學

致力於推廣小壺泡文化的現代茶館「秋山堂」，誕生於二〇〇六年，以詮釋壺泡文化，與傳承茶藝精神為題，結合茶文化、陶藝作品與當代藝術，重新詮釋茶飲文化的樣貌。空間風格融合了宋朝文人的四藝美學，在寬廣的品茗空間中，以典雅木製屏風區隔出的一方隱密，池坊流等花藝陳列其中，隨處可見掛畫、攝影作品、窗花、桌椅、古茶壺、珍藏茶器等，營造出風雅的品茗氛圍。

由茶藝職人精選出台灣六大茶區的季節茶，經細心焙火，有清香淡雅，也有濃郁厚實，其中以「凍頂七五」及「秋山十二」最具代表性，每年甚至會保留下一百斤茶葉作為收藏用的老茶。對於不同的茶葉，如清香型及熟香型的茶品，秋山堂也提出了秋山一式（單杯）、二式（雙杯）的專屬泡法。對於茶客來說，沏上一壺茶不過幾刻鐘時間，若是來到秋山堂不妨試著放慢腳步，讓思緒在舒緩靜謐的空間和時光間流動，細細感受「一盞茶一世界」的片刻美好。

www.chioushan.com

台中市五權西路一段 2 號 B1，內嵌於台中國立美術館

（04）2376 － 3137

推薦茶品、茶點

工夫烏龍茶＋黑糖小丸子

◎工夫烏龍茶由焙茶師傅「工夫」細緻烘焙，費時近一個月才完成，為比賽級火侯，乾淨工整外型，值得細細品嚐及收藏。

◎以日本葛粉和黑糖製的小麻糬，沾上一層薄薄的黃豆粉，與黑糖相得益彰，甜蜜軟Q風味，是品茶時最佳的搭配。

圖片提供© 丨龍團

丨龍團

開啟全新的品茗方式

夏日炎炎想喝杯冷茶，除了罐裝、手搖之外，想自家泡製，必須放於冰箱經過一整晚的浸泡，頗為耗時，由身為茶農第三代的林建宏，希望將傳統的品茶方式化繁為簡，並讓年輕的朋友們也能以趣味而不失質感的方式接近茶文化，故創辦「丨龍團」品牌（第一個字唸「ㄍㄨㄣˇ」，代表上下相通、貫穿天地的意思），有別於手搖飲料與傳統茶行的品茶路線，丨龍團開發出急速冷卻技術，先以熱水釋放茶湯的色香味，再以菁淬工法瞬間冷凝，將茶湯急速冷卻，品嚐起來冰涼解渴，卻擁有如熱茶一般濃醇香韻的獨特口感，留下茶湯最美味的瞬間。

不按牌理出牌的實驗精神，更激發出結合二氧化碳與茶湯的氣泡飲——氣淬茶，使得茶湯增添特殊的風味及爽快口感。品茗的方式，也顛覆過去茶湯僅能在瓷器、茶杯飲用的印象，在店內以玻璃高腳杯來飲用茶湯，並藉由晃動高腳杯的過程中，讓冷淬茶增加與空氣接觸的面積，並隨著時間慢慢恢復茶香，吸引了更多年輕世代前來，成功以創意方式品茶傳承千年茶飲文化。

www.guenlungtuan.com
台北市信義區信義路六段 32 號
（02）2727 － 2292

推薦茶品

氣淬茶——氣蘊桂花

以創新專利淬茶技術，將桂花和凍頂烏龍茶融合，再以獨家製程將香氣與氣泡完美融合 48 小時，過程中完全無添加冰塊。茶香濃郁，口感甘醇，天然無酒精卻有如品嚐香檳般的優雅氛圍。

圖片提供 © 采采食茶文化

采采食茶文化

融合東西方設計精隨

熱愛華夏文化的夏姿，懷抱著重新演繹中華的茶與禮文化的理念，創立「采采食茶文化」品牌，希望以更易懂而時尚的風貌，賦予食茶文化新高度。其座落於台北大安路巷弄中的概念店，選址大隱於市囂，延伸自夏姿的人文氣息，整體空間以「少即是多，古典極簡」概念為主軸，外觀為大片落地玻璃，內部運用線條與古色處理的橡木塑造出沉穩的氛圍，再穿插著西中方的古董茶具收藏，更有一整面以普洱茶磚堆疊而成的牆面，隱隱飄動著茶葉清香。

以好茶、好禮為原點，采采食茶推出「台灣四大茗茶」系列作為台灣人最佳的熱情待客之道，阿里山烏龍茶、文山包種茶、凍頂烏龍茶、東方美人茶，風味或花香、或果香、或蜜香、或清亮或醇厚，各領風騷。不僅是在品茗服務上的用心，保存茶葉的茶罐、茶桶，店內使用的茶具器皿，皆是量身設計，期望來者皆能在閒適慵懶的氣氛中，細細品味茶湯的甜美甘潤，就著一壺好茶度過美好時光。

www.chachathe.com.tw

台北市復興南路一段 219 巷 23 號

（02）8773 － 1818

推薦茶點

蜂蜜燕窩黃金糖

以蜂蜜、桂花、燕窩等天然食材加以繁複工法與精心控溫研發製成；淡雅桂花香氣和蜂蜜香交織出層次豐富的甜蜜滋味，口感清爽彈牙，為采采食茶的人氣招牌茶點。製作所需的桂花花瓣皆需以人工挑選，每位甜點師傅花費一天工時，僅能挑選出 16g 桂花瓣，熬煮一鍋蜂蜜燕窩黃金糖則需 50g 花瓣。

圖片提供 © 琅茶

Part 5

好茶設計帶著走

一份送進心坎裡的茶禮

喝茶前，停一下，欣賞茶包裝的設計，讓雙眼先品味與茶有關的產的特色、人文風情，用視覺進行一場與茶共舞的悠閒時刻，再以味蕾感受承載豐富故事的美味茶湯。

圖片提供 © 參冶創意有限公司

慈心淨源茶

手繪勾勒出台灣生命力

品牌：慈心淨源茶

設計：參冶創意有限公司

慈心基金會推出的「淨源茶」，源自於發現種茶使用的農藥與化學肥料，會對土地和飲用水造成汙染，於是他們開始推動有機茶栽培，並成立淨源茶廠和淨園茶坊，輔導茶農轉作有機茶，再將茶葉製作成品質優良的有機淨源茶葉。

淨源茶「臺灣茶保育動物系列」，設計者參冶創意以手繪形式與簡樸高雅的單色設計，勾勒出台灣特有物種：樹蛙、石虎、黑熊和梅花鹿的生物樣貌，對應四款茶品，傳遞品牌從事有機茶葉耕作的初衷與使命。當四款茶盒包裝並置時，能巧妙形成台灣島嶼輪廓，分開細看時，則能發現細膩筆觸中隱含著生物特徵、生長環境等特色。簡約結構設計成型前能攤開平放，便利運送及倉儲作業；盒子內側兩邊，更展現了茶區的地景與人文樣貌，讓喝茶之人透過包裝，便能感受到關懷土地的品牌精神，作為國外遊客造訪臺灣，以及餽贈伴手禮的新選擇，連接獲得金點設計獎「年度最佳設計獎」、Red Dot Award 德國紅點傳達設計獎等多項國際設計獎項的肯定。

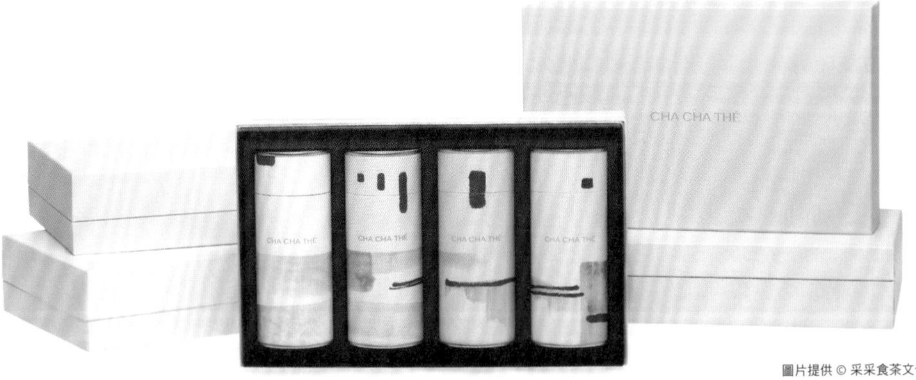

圖片提供 © 采采食茶文化

采采食茶文化

東方茶禮之美新面貌

從精品時尚轉入茶文化品牌經營「采采食茶文化」，看似不相干的兩件事，其實以「華夏文化」這條臍帶緊緊相連，深掘屬於本體東方文化的厚度。，「采采」二字語出詩經《周南．芣苡》中「采采芣苡，薄言褔之」，有華美繁盛之意，用以形容中華文化的豐碩壯美，而另一方面也代表禮采，引源茶與禮之於漢文化密不可分的關係。采采精選出台灣四大茗茶定名為：《彌香》阿里山烏龍茶、《依翠》文山包種、《零露》凍頂烏龍茶、《飲星》東方美人茶。其「渡若」系列，包裝設計以中國水墨的線條與暈染為主視覺，搭配溫潤清柔的四種淡雅底色，傳達茶之於中國歷史之淵源，與富含文人氣息之優雅情懷。

淡然有味

品茶哲學躍然紙上

抽象的品牌精神，如何化為具體的畫面且不落於俗套？淡然有味品牌茶藝之精髓為「細、靜、慢、活」，其《細靜慢活》典茶禮盒，四個方盒一組，正好一盒一字，透過簡潔現代感的設計與明亮的色調，轉化書畫家李蕭錕老師畫作中意境——細觀如松之細膩，靜心如山之沈穩，慢韻如柳之柔軟，活氣如竹之清淨，輕快而不失典雅地，呈現出景幽境雅的自然寧靜之美，榮獲二〇一七年德國 IF 設計大獎肯定。內裝四款袋茶金萱烏龍、蜜香烏龍、凍頂烏龍、三峽碧螺春（綠茶），茶包部分以 PLA 玉米澱粉材質製作，不含螢光劑、可被土壤分解，從裡到外，讓每個收到祝福的人，都能喝到自然用心之美。

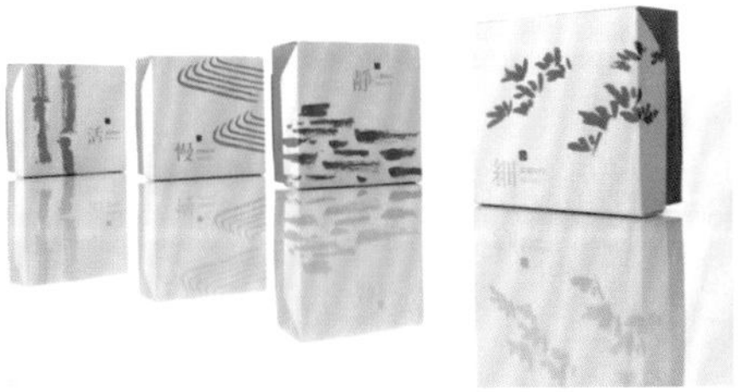

圖片提供 © 淡然有味

圖片提供 © 琅茶

琅茶

讓最美的風景留給收禮者

送禮不僅是外表好看，更重要的是，收禮者打開禮物包裝後，慢慢享受品味禮物本身的過程。琅茶的「良辰美景」精裝禮盒，外觀設計有其品牌一貫的簡單雅致風格，盒身為傳統手作工藝製盒，選用氣質優雅的灰藍古典紙，以紅色皮繩打上一個簡約而慎重的結。但真正的驚喜，在於打開禮物的瞬間，上蓋內燙印著宛如月夜星空的吉祥圖樣，與禮盒內可自選品牌的特選台灣茶組合，傳遞出送禮者綿綿的祝福心意。俐落堅固的材質，讓這個盒子不只是美麗的包裝，更是可以留下來的收納好物，讓雅致的設計成為生活裡的實用物件，也是雙方情感的美好紀念。

圖片提供 © 茶日子

茶日子

用顏色說出茶的個性

認為喝茶是體驗生活的一種方式，茶日子的品牌名稱，來自於和台語「茶」同音的英文「日子」day。品牌以台灣茶為基底，依不同時節搭配世界各地的原料，為每個日子調配出不同的茶配方，從 001 開始，希望帶來多種符合台灣氣味的茶品。而根據每款茶的特色，茶日子也為其打造專屬的配色。如野菊金萱烏龍，明亮的暖黃色靈感來自陽光下的野菊花；薏仁五穀茶則以接近稻穗的自然原色，呈現穀物茶的原味，並傳達完全不添加香料的品牌精神。品牌整體選用銀色鐵質、淺原木色與象徵品牌的「新綠」色搭配，讓人們從拿到茶品開始，就能感受茶款的特色，以及自然單純的品牌精神。

等等

貼心巧意盒中藏

從前的茶農們總會祈求神明保佑這一季也能採收順利，新生代茶葉品牌「等等」，將品茶與求籤的習俗文化結合，推出「好緣份籤詩茶盒子」，每個茶盒內都會附上一張媽祖廟的六十甲子籤。一體成型的輕巧盒身設計，結合了一則隨機的籤詩、泡茶方式建議說明，並隨盒附有介紹該茶款風味與特色的茶卡，茶卡可以簡單取下方便閱讀。茶葉的清香、薰陶是一種心靈的內在滿足，內附的籤詩則無兇吉，短短的文字希望能為品茶的人帶來一些人生的指引與方向，增加品茗或收禮時的另一樂趣，自用送禮皆適宜。

圖片提供 © 等等

點茶 1869

重現台灣茶的黃金時代

由點睛設計 DOT design 與百年歷史茶行林華泰攜手，點茶 1869 希望透過世代合作，以新穎設計將東方美人茶、阿里山高山烏龍茶、碧螺春綠茶、蜜香紅茶、文山包種茶等台灣代表茶款推向國際，以重拾大稻埕茶風采為主軸，重現一八六九年台灣茶以「Formosa Tea」之名風靡全球的黃金時代。

為了突顯台灣茶主題，品牌 logo 設計以細邊圓圈和台灣形狀結合成茶杯俯視形象，讓台灣茶主旨不言自明；在茶款包裝上，「山型禮盒系列」以環保材質、延續性及重複使用做為主要重點，使用紙漿製成山型禮盒，連綿山峰造型寓意台灣茶業蓬勃發展，並烘托高山採茶的悠遠氛圍。米白、棕褐的雙色搭配，則為設計增添素雅自然的韻味，讓收到台茶贈禮的人們，在品飲之前便能感受到台灣茶的質樸與悠長。另一「經典窗花系列」，包裝也運用了環保木盒型態，延伸中式復古窗框，帶入現代的花樣設計，透過光影的呈現穿透像是一幅美景。讓包裝達到可重複使用及收藏的價值。

品牌：點茶 1869

設計：點睛設計有限公司

圖片提供 © 無藏茗茶

無藏茗茶

欣賞你獨屬的杯中花園

喝茶有各種感官之樂與層次，可以聞香、賞茶湯、觀茶葉舒展開的樣貌……。除了傳統品茗方式，無藏茗茶精心配置多種天然乾燥鮮花，以特製棉繩穿引，製成「開花茶」，共有六種花型，外型如一般小圓茶球，注水後，各種花朵遇熱分別衝破茶球跳出，懸立於杯中央，緩緩搖曳，構成美麗多姿的形狀。用一杯茶的時間，欣賞你獨屬的杯中花園。

京盛宇

一日一茶帶著走

京盛宇顛覆台灣茶老派印象，以每週七天，一天一好茶為發想，設計隨行茶包，以夾鏈袋包裝，輕巧方便攜帶不易擠壓變形；外袋設計糅合傳統與現代中的各種元素，將六種茶品，不知春、白毫茉莉、阿里山金萱、蜜香貴妃、輕焙凍頂、鐵觀音，其各自的風味圖像化，並以繽紛色彩添增吸睛度，一小袋七入，一周剛好可喝完一款茶，提升消費者回購其他風味的慾望。

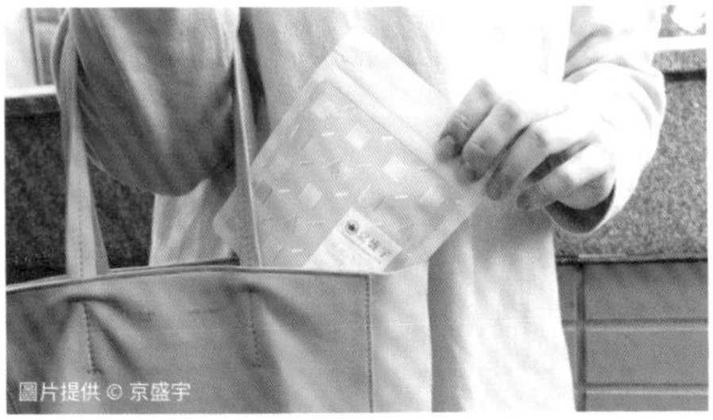

圖片提供 © 京盛宇

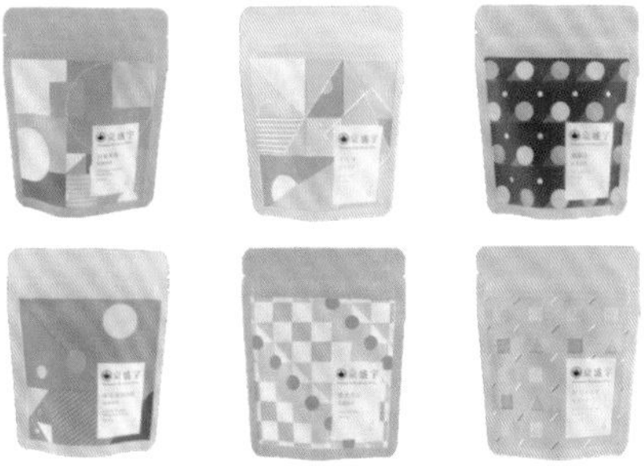

圖片提供 © 點睛設計有限公司

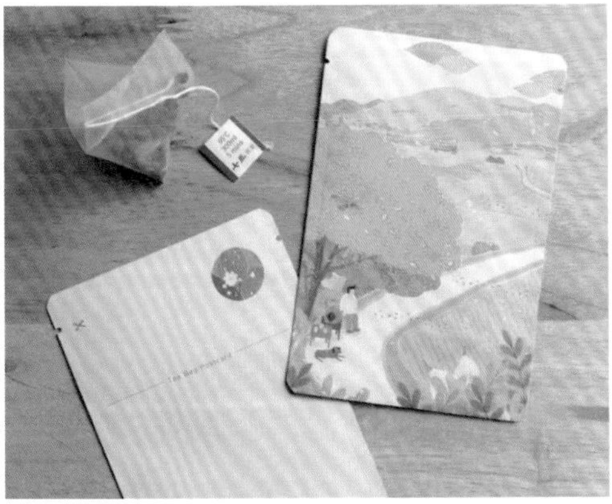

七三茶堂

將喝茶時的溫度寄往全世界

相對國外多為以 CTC 方式製造（經過碾壓、切碎）的碎茶茶包，台灣喝的主要是原葉功夫茶，做為一個從茶裡長出的生活品牌，七三茶堂想告訴世界上每個人，台灣茶有多好，於是發展出以台灣為題的插畫明信片，其中再放入講究製茶工藝的台灣茶原葉茶包。茶包明信片的包裝材質為能隔絕陽光與空氣的「鋁箔材質」，再貼合牛皮紙製造而成，既可以將茶葉的風味妥善封存，也能在表面書寫，將你的想念和台灣茶的溫度寄往世界任何一個角落。

台茶百味

38位跨世代的茶人哲學 × 155種台灣特色茶品

國家圖書館出版品預行編目資料

台茶百味：38位跨世代的茶人哲學 x155種台灣特色茶品 / LaVie編輯部著. -- 初版. -- 臺北市：麥浩斯出版：家庭傳媒城邦分公司發行, 2019.04

面；　公分

ISBN 978-986-408-487-6(平裝)

1.茶葉 2.茶藝 3.臺灣

481.6　　108005168

作者　La Vie 編輯部
責任編輯　黃阡卉
特約撰文　麵包樹工作室、王建偉、周培文、蔡蜜綺、李麗文、紀瑀瑄、楊雅惠、陳姿吟、王涵葳、陳慧珠
攝影　PJ、張明曜、楊弘熙、蔡春義、薛展汾、Adward、張藝霖、星辰映像 雷昕澄
封面設計　郭家振
設計排版　郭家振、吳姿嬋、Amber Lee

發行人　何飛鵬
事業群總經理　李淑霞
副社長　林佳育
副主編　葉承享

出版　城邦文化事業股份有限公司 麥浩斯出版
E-mail　cs@myhomelife.com.tw
地址　104 台北市中山區民生東路二段 141 號 6 樓
電話　02-2500-7578
發行　英屬蓋曼群島商家庭傳媒股份有限公司城邦分公司
地址　104 台北市中山區民生東路二段 141 號 6 樓
讀者服務專線　0800-020-299（09:30~12:00;13:30~17:00）
讀者服務傳真　02-2517-0999
讀者服務信箱　Email：service@cite.com.tw
劃撥帳號　1983-3516
劃撥戶名　英屬蓋曼群島商家庭傳媒股份有限公司城邦分公司
香港發行　城邦（香港）出版集團有限公司
地址　香港灣仔駱克道 193 號東超商業中心 1 樓
電話　852-2508-6231
傳真　852-2578-9337
馬新發行　城邦（馬新）出版集團 Cite（M）Sdn. Bhd.
地址　41, Jalan Radin Anum, Bandar Baru Sri Petaling, 57000 Kuala Lumpur, Malaysia.
電話　603-90578822
傳真　603-90576622
總經銷　聯合發行股份有限公司
電話　02-29178022
傳真　02-29156275

製版印刷　凱林彩印股份有限公司
定價　新台幣 450 元／港幣 150 元
ISBN　978-986-408-487-6
2022 年 8 月初版 4 刷・Printed In Taiwan

※ 經典暢銷增修改版，
原書名《台茶小時代：30 位特色茶人 ×150 種新茶美學生活》

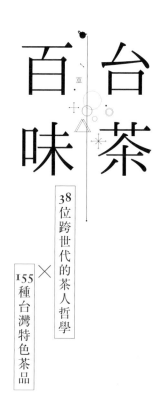